计算机网络与通信技术研究

薛爱媛　刘　东　王树群　著

汕頭大學出版社

图书在版编目（CIP）数据

计算机网络与通信技术研究 / 薛爱媛，刘东，王树群著. -- 汕头 : 汕头大学出版社，2023.8
ISBN 978-7-5658-5141-4

Ⅰ. ①计… Ⅱ. ①薛… ②刘… ③王… Ⅲ. ①计算机网络—研究②计算机通信—研究 Ⅳ. ① TP393 ② TN919

中国国家版本馆 CIP 数据核字（2023）第 177762 号

计算机网络与通信技术研究
JISUANJI WANGLUO YU TONGXIN JISHU YANJIU

作　　者：薛爱媛　刘　东　王树群
责任编辑：宋倩倩
责任技编：黄东生
封面设计：刘梦杳
出版发行：汕头大学出版社
广东省汕头市大学路 243 号汕头大学校园内　邮政编码：515063
电　　话：0754-82904613
印　　刷：廊坊市海涛印刷有限公司
开　　本：710mm × 1000mm　1/16
印　　张：9.25
字　　数：160 千字
版　　次：2023 年 8 月第 1 版
印　　次：2024 年 1 月第 1 次印刷
定　　价：58.00 元
ISBN 978-7-5658-5141-4

前言

随着社会各个行业、各个领域信息处理的普及，信息资源的重要程度显著提高，电子通信技术的优势也更加明显。人们在现实生活中越来越离不开电子通信技术，如手机对于声音的传递、电脑对于图像和声音的处理等，电子信号早已渗透生活中的各个领域。另外，新型智慧城市的发展在很大程度上受到计算机网络与通信技术发展的推进和制约，新兴的计算机网络与通信技术不断地为新型智慧城市带来全新的实现手段，将智慧城市的建设理念进一步向着以人为本的方向持续推动。智慧城市的建设是一个系统工程，除了计算机网络与通信技术的系统性支撑之外，还体现在每一个城市背后的特色产业、文化背景、历史沉淀、经济发展等内在基因。因此，以计算机网络与通信技术作为支撑，与城市内在基因的深度融合交叉是我们亟待探索的研究方向，也是智慧城市建设的基本脉络。

与此同时，随着我国社会经济的不断发展，计算机网络及通信技术在各个领域中发挥着重要的作用，全面推动了社会生产力的发展，提高了人们的生活质量。近年来，随着智慧城市及智慧生产的进一步发展，以及人们的通信要求越来越高，计算机网络和通信技术的融合研究备受重视，相关工作者们迫切需要一本关于计算机网络及通信技术理论与实践相结合的书籍来辅助他们的工作，故本书针对计算机网络及通信技术的热点展开分析和讨论，可以辅助相关工作者更好地学习和开展相关的工作。

本书首先对计算机网络及数据通信技术的概念与发展进行简要概述，介绍了现代计算机网络、计算机网络数据通信技术、电子技术、信号及信息处理技术等；其次对智慧城市的相关问题进行梳理和分析，包括智慧城市系统工程的建设、智慧城市与“电子信息+”战略、智慧城市大数据与城市智慧大脑、智慧城市中云计算与物联网的应用实践等多个方面。本书论述严谨，结构合理，条理清晰，能为当前计算机网络与通信技术相关理论的深入研究提供借鉴。

本书参考了大量的相关文献资料，借鉴、引用了诸多专家、学者和教师的研究成果，得到了很多专家学者的支持和帮助，在此深表谢意。由于能力有限，时间仓促，虽极力丰富本书内容，力求著作的完美无瑕，但经多次修改，仍有不妥与遗漏之处，恳请专家和读者指正。

目 录

第一章　计算机网络概述

第一节　计算机网络的定义、组成及分类

一、计算机网络的定义

计算机网络技术是一门计算机与通信相融合、相协作的交叉学科，是一门涉及多种计算机技术和通信技术的非常复杂的技术。

（一）计算机网络的概念

由于计算机网络技术正在不断演变，内涵也在不断地丰富，所以人们还无法从学科概念和技术层面上给计算机网络一个非常准确的定义。在不同的时间和视角上，计算机网络的定义都是不同的。

从计算机和通信技术相融合的角度来看，计算机网络可以被定义为“将计算机技术和通信技术结合起来，从而实现处理远程信息和分享资源目的”的技术。根据这个定义，20世纪中期的“远程终端—计算机网”“计算机—计算机网”和当下的分布式计算机网都属于这个范畴。

美国联邦信息处理协会则站在资源共享的视角上，将计算机网络定义为“能够共享资源（包括硬件、软件、数据等），同时拥有独立操作能力的计算机系统的集合”。

随着计算机网络进一步发展，实现了从“远程终端与计算机之间的通信”到“计算机之间的相互通信”。一个新的定义又产生了：“计算机通信网，即为了

在计算机之间传输信息而相互连接的计算机系统的集合。”

站在物理结构的视角上，计算机网络又可以被称为“被协议所支配的若干台计算机、终端、数据传输设备和通信控制处理机组成的系统集合”。这一定义的重点在于计算机网络由协议支配，计算机之间的连接通过通信系统来实现。这一定义说明，计算机网络系统与计算机之间简单连接形成的通信系统的区别在于是否有网络协议。

根据以上不同的定义，再结合当前主流的看法，计算机网络可以被这样具体地定义：“一组地理上分散、相互独立的计算机，为了共享资源而按照网络协议相互连接的计算机集合。”由于人们生活在不同的环境中，研究的重点也各有异同，所以对计算机网络的用语也有所区别。当我们关注网络资源共享的研究时，它被称为“计算机网络”；当我们关注通信问题时，它也被称为“计算机通信网络”。

计算机网络是一组由具有独立功能的计算机组成，并通过各种通信方式连接起来，从而实现信息交换、资源共享或协同工作的复合系统。计算机网络是用户进行信息共享和人际交流的平台，同时使用户能够进行远程信息处理，可以在本地或跨区域共享软件、硬件和数据资源，从而提高办事效率，节约成本，方便协同处理。

（二）计算机网络的功能

从上文的分析中我们可以得出，计算机网络最主要的功能是资源共享和通信，详细的功能如下。

1.共享硬件和软件

计算机网络可以让用户共享网络上的硬件设备和资源，如巨型计算机、高性能打印机、通信设备等，用户只要访问网络就能使用各种类型的硬件设备，可以帮用户节省开支。

共享软件的功能可以保证在数据不损坏、不随意变更的前提下供多个用户同时访问。尤其是客户/服务器模式和浏览器/服务器模式，即C/S和B/S的产生，让这种访问变得更加方便，人们可以在客户机上访问到服务器中共享的软件；另外，B/S模式使得软件版本的升级和变更只需要在服务器上执行，所有网络用户都可以同时享受各类应用、信息服务、专业软件等，也都可以通过计算机网络进行共享。

2.共享信息

因特网是一个信息资源的海洋，里面分门别类储存着各种各样的信息，每一位用户都可以通过它来获取自己需要的资源进行学习、娱乐、工作等。

3.进行通信

计算机网络的基本功能就是通信，它使得分散在不同地区的网络用户，都能通过这一功能进行沟通和交流，如用户可以用电子邮箱传送信件，在网上进行多人视频通话。计算机网络平台还可以帮助用户传递文字、图片、音频、视频等各种格式的数据。

4.分摊负载和分布式处理

当某台计算机需要进行的工作负担太重时，可通过计算机网络把一部分的工作分摊到其他的计算机上，可以平均分配，也可以集中分配给几台空闲的计算机。计算机网络分摊负载和分布式处理的功能使得大型任务处理的过程变得有序和高效，任务分配更加平均和合理。

5.使计算机系统更加实用和严谨

计算机网络集合中的任意一台计算机都可以通过网络在另外一台计算机上备份自己的系统和数据，让信息更不易丢失和随意变更。一旦网络中的其中一台计算机产生故障，其他计算机就可以立刻接替它的工作，保障系统工作的稳定进行。

（三）计算机网络的应用领域

随着社会不断朝着信息化的方向迈进，现代通信和计算机技术也在快速发展，计算机网络的应用愈发广泛，已经渗透现代社会的各个领域。计算机网络的应用面可以概括如下。

1.在企事业单位中的应用

运用计算机网络，可以实现企事业单位的办公自动化，同时还可以与同事、工作伙伴分享各种软硬件和数据资源。公司将内部网与互联网连接，使异地办公、财务统计和战略合作成为现实。比如，公司可以通过互联网将遍布各地的子公司与合作单位之间建立联系，从而达到及时沟通、共享资源的目的；另外，不在公司的员工也可以通过网络与公司进行沟通，从公司获得实时指示及帮助。

除此之外，企业也可以通过互联网提高效益，如市场调研、发布广告、下达指令等，让自己在互联网时代不落于人后。

2.在个人信息服务中的应用

计算机网络在个人信息服务中的应用不同于上述企事业单位。家庭和个人用户通常会有多台微型计算机，通过电话交换网或者光纤与公共数据网相连。他们的诉求通常是想要通过计算机网络获得信息服务，这些服务的内容主要如下。

（1）远程信息访问

在当今这个信息化的时代，人们可以通过万维网（WWW）获得各类信息，包括教育、娱乐、新闻、医疗等等。随着报刊的电子化，人们可以在网上浏览报纸和期刊，也可以通过技术频道下载自己感兴趣的内容。此外，人们还可以通过互联网进行理财与消费，如接收账单、管理账户、处理投资、网购等，大大节省了去银行办理业务或去商场购物的时间和精力。

（2）个人之间的通信

在计算机通信网络产生之前，人们一直用书信、电报和电话等方式进行通信，这些通信方式都有着很大的弊端。随着计算机通信网络的不断发展和应用，网络成为人们最常运用的交流渠道。例如，电子邮件、QQ、微信、论坛、贴吧等，都可以帮助人们及时沟通、传送文件、交流讨论、在线阅读，大大提高了人们的生活质量、工作效率和幸福感。

（3）家庭娱乐

例如，看电影、点播节目、在线听歌、数字游戏等，这些家庭娱乐项目都可以通过计算机网络的信息服务实现。网络上有大量的娱乐资源库存，能够满足家庭成员的需求。

3.在商业上的应用

计算机网络日渐普及，个人和企业主要通过电子数据交换进行国际贸易。计算机网络使用一种各地公认的数据格式代替原始的贸易单据，使位于世界各地的贸易伙伴通过互联网传输数据，从而提高效率，节省人力、物力开支。如今，随着计算机网络在商业中的不断应用和创新，很多个人或企业的商品订购是通过网络实现的，银行业务是通过网络进行的，突破了传统的商业模式。

随着网络技术的发展和各种网络应用的需求，计算机网络应用的范围正在扩大。如今，网络应用已经覆盖工业自动控制、辅助决策、虚拟大学、远程教育、远程医疗、管理信息系统、数字图书馆、电子博物馆、全球信息检索和信息查询、电子商务、视频会议、视频点播等其他领域，呈现出蓬勃的发展趋势。

二、计算机网络的发展与发展趋势

（一）计算机网络的发展

在人类漫长的文明史上，一个新发明的出现都要满足两点：一是强大的社会需求，二是前期技术成熟的支持。回望计算机网络的发展史，我们就能发现它的成长也具备这两个条件。若将计算机网络的发展划分成不同阶段的话，可以分为20世纪50年代的萌芽期、20世纪70年代的发展期、20世纪80年代的成熟期、20世纪90年代至今的广泛应用期，每一个时期都有当时的技术特点，并取得了许多技术成果。

1946年，第一台电子数字计算机在美国诞生，但那时的计算机和通信是没有什么关联的。20世纪50年代初，出于军事目的，美国半自动地面防空系统（SAGE）需要将信息沿着长度超过2410000km的通信线路传递给一台IBM计算机，实现对分散的防空信息的集中处理。为了能把远程雷达和其他的测量设备连接起来，SAGE开始了对计算机技术和通信技术相结合的研究。而要实现这一目标，就必须先研究数据通信技术的基础。通过前期的研究，人们发现分散在世界各地的多个终端可以通过通信线路连接到中央计算机，不同来源的数据可以由一台中心计算机集中处理。各地终端的用户可以先将数据输入程序，通过通信线路传输到中央计算机，在不同的时间访问资源，进行信息处理，然后经由通信线路将处理结果返回用户终端。这种大、中、小型号计算机都适用的以单台计算机为中心的联机系统就是面向终端的远程联机系统。20世纪60年代初，航空订票系统（SABRE-1）由美国航空公司建成，该系统由一台计算机和分布在全国的2000多个终端组成。这是计算机和数据通信的典型结合。

随着计算机技术的不断升级，人们的应用诉求也在不断发展。军事、科研、经济分析、企业管理等领域呼唤多台计算机互连技术的出现，网络用户急需一种可以通过通信线路将本地计算机和其他计算机互连的技术，实现软件、硬件和数据的共享，形成“计算机—计算机”的网络。

1969年，美国国防部高级研究项目署（Advanced Research Projects Agency,

简称ARPA）提出一项研究计划，通过互连来自许多大学、公司和研究机构的计算机来构建arpanet（阿帕网），这项计划为今天的互联网打下了基础。1973年，阿帕网已经从1969年的4个节点发展到40个节点，到1983年已经达到100多个节点，并通过有线、无线和卫星通信线路使网络覆盖了欧美国家的广大地区。阿帕网是计算机网络技术的一个重大突破，为计算机网络技术的发展做出了突出贡献。

从上述早期计算机网络的发展中我们可以看到，使用长途通信线路将分散在各地的计算机连接起来形成计算机网络，是当时计算机技术的显著特征。

小范围内多台计算机联网的诉求随着个人计算机和工作站的日益普及而被提出。20世纪70年代，一些大学和研究机构开始了对本地计算机网络的研究，旨在实现实验室或校园内多台计算机一起进行计算和资源共享，于是对局域网技术做出巨大贡献的技术依次产生，分别为：1972年美国加州大学的NewHall环网；1974年英国剑桥大学的Cambridge Ring环网；1976年美国施乐（Xerox）公司的Ethernet（以太网）等。

20世纪80年代后，个人计算机技术快速发展，用户越来越渴望通过网络进行资源、软件和硬件的共享，这样的诉求催生了局域网技术的突破。在局域网技术领域，以太网、令牌总线和令牌环的局域网产品发展迅猛并迅速成熟，作为高速局域网的一种，光纤分布式数据接口（Fiber Distributed Data Interface，FDDI）也曾在高速与主干网的应用中发挥作用，但随着以太网的发展，FDDI逐渐在市场中隐退。

20世纪90年代至今，世界上最大、最有影响力的计算机互联网络——因特网被广泛使用，并对世界经济、文化、科技的发展起着重要的推动作用。它通过路由器，将广域网和局域网相互连接，形成大型的互联网。与此同时，高速网络的发展也提上了日程，其发展主要表现在宽带综合业务数字网ISDN、异步传输模式ATM、高速局域网、交换式局域网及虚拟网络等方面；基于光纤通信技术的宽带城域网和宽带接入网技术已经成为热点。

（二）计算机网络技术的发展趋势

1.微型化

基于当下人们对计算机设备轻巧、便携的要求，微型化的发展势在必行，于是微处理器芯片应运而生，这充分体现了新网络技术在现代生活中的重要性。

实现微型化技术突破的前提是发展集成电路。同时，日新月异的科学技术推动着新型芯片和其他技术不断地开发和出现，功能越来越复杂和精细，价格也越来越低廉。

2.IP协议的发展

IP协议自1969年产生以来发展至今，已经在各个领域的生产和运用中都占有较高的地位，其中发展势态最为强劲的当属IPv4。但随着各行各业对于产品及业务的质量要求越来越高，人们对IP协议的完善程度也提出了新的要求，IPv4的弊端和不足随之显现，渐渐被淘汰，并逐步被更为完善的IPv6取代。可以预见，未来还有可能出现比IPv6更加符合当下时代发展要求的IP协议，IP协议的不断更新换代也是计算机网络技术持续发展过程中不可或缺的一环。

3.三网合一

这里的“三网”指的是电信、有线电视和计算机这三种网络。三网的结合可以很好地压缩成本，提高计算机网络技术的综合实力、应用效果和办事效率，从而在实际运用的过程中为人们的生产生活带来更多的便捷，推动国家快速地向前发展。

三、计算机网络的组成

与初期计算机网络完全不同，计算机网络已经发生了很大的变化，因此概括计算机网络的组成并不容易。任何电子设备都可以连接上计算机成为网络的一部分，包括手机、平板电脑等移动设备，家用电器、消防安保系统等。计算机网络已经渗透生活的方方面面，因此在这里我们只能阐述计算机网络的核心组件。划分计算机网络有两种方法：一种是根据计算机技术标准将其划分为网络硬件和网络软件；另一种是根据网络各部分的功能将其划分为通信子网和资源子网。

（一）计算机网络硬件

计算机网络硬件设备作为物质基础，与软件等其他设备相连接，组成完整的网络系统。每种不同功能的网络系统都配有不同的硬件，硬件设备也随着计算机网络技术的发展，变得更加多功能、高效率、低能耗。

1.服务器

服务器是在网络中提供服务和信息的核心设备，为网络提供服务，并存储大量共享信息。服务器的工作量非常大，因此它必须具有高性能、高可靠性、高吞吐量和大存储容量。我们应该选择具有良好CPU、大内存、高系统配置、散热性能好的专业服务器，以确保网络的高效率和高可靠性。

Web服务器、数据库服务器和邮件服务器等都是最常见的服务器。

2.主机或终端系统设备

除服务器外，连接到网络和访问网络资源的所有设施都称为主机，也称为“终端系统”。几年前，局域网相对独立，没有连接到互联网，大部分的主机都是PC端，在局域网内被称为“网络工作站”。如今，终端系统发生了很大改变，除PC端外，还有些非传统设备如PDA（个人数字助理）、电视、平板电脑、手机、游戏机等，平均每秒全世界都有上亿的终端系统在连接互联网。

3.通信链路

通信链路由传输介质和传输设备组成，将各个终端系统连接起来。

传输介质是网络中的通信线路。根据其特点，可将介质分为有形和无形两种。有形介质包括双绞线、同轴电缆、光缆等；无线介质包括无线电、卫星通信等。它们具有不同的传输速率和有效距离，并支持不同的网络类型。

终端系统不是通过单独的传输介质直接连接，而是通过交换设备进行通信，即包交换设备。目前，常见的包交换设备有路由器和链路层交换机。它们从一个链路接收数据包，然后根据其目的地址将它们转发到另一个链路，以此类推，最后将数据包发送到目标站点。

（二）计算机网络软件

与计算机网络硬件的地位相同，软件也是计算机系统中不可或缺的一部分，是实现网络功能的软环境。网络软件通常包括网络操作系统和网络协议软件。

1.网络操作系统

网络操作系统是网络的核心，是基于网络硬件为网络用户提供资源管理、通信、网络安全等一系列网络服务的软件系统，其他软件系统都需要网络操作系统的支持才能发挥作用。

在网络系统中，资源都是共享的。为了协调系统资源，网络操作系统必须控制用户，同时管理、整合、调配网络资源，避免系统混乱和数据信息的丢失。

2.网络协议软件

网络协议软件是维持网络运行的关键组成部分。网络协议有底层和高层两种层次结构，底层协议（物理层协议等）主要由硬件完成，高层协议（如网络层协议等）主要由软件实现。在互联网运营过程中，协议控制着信息传输的全过程。目前，TCP（传输控制协议）和IP（因特网协议）是在互联网上运行的两个最重要的协议。IP协议定义了数据包的格式以及如何在路由系统中接收和发送数据包；TCP协议则定义了一系列传输机制，如发送、接收、验证、确认和纠正数据包的源端点和目标端点。实际上，TCP和IP只是协议系统中的两个主要协议，需要和其他协议一起形成协议簇，才是我们熟悉的TCP/IP协议。

想要访问互联网，世界上的任何组织都必须遵守互联网协议标准。目前，Internet协议标准由IETF（因特网工程任务组）以RFC（请求注释）文档的形式发布。例如，RFC791是IP协议的原始版本，RFC1812是互联网路由协议的标准文档等。一些标准化组织（如IEE）也发布了一些网络标准文件，主要定义连接层以下的网络结构。例如，IEEE802.3定义了以太网标准，IEEE802.1定义了无线网络的Wi-Fi标准。

互联网是一个全球性的公共网络，而政府、军队和其他组织也有自己的与外界隔离的网络，但大部分仍符合互联网标准并采用TCP/IP协议，人们称之为“内联网”。

四、计算机网络的分类

计算机网络分类的方法有很多种，可以根据计算机网络覆盖的地理范围、网络的传输技术、网络的传输媒体、网络协议、所使用的网络操作系统、网络的应用范围等进行分类，这都是常用的分类方法。但最常用的分类方法是根据计算机网络的地理覆盖范围。

（一）按覆盖范围分类

人们普遍认为，网络分类方法是基于网络的覆盖范围，包括网络分布的地理区域，简而言之就是网络的大小。使用该方法，网络大致可以分为三类：LAN（局域网）、MAN（城域网）和WAN（广域网）。这些类别在一定程度上与网络规模（即计算机和用户数量）和财务资源有关（WAN在安装和维护时通常比

LAN更贵），但最重要的决定因素是网络覆盖的地理区域。

1.局域网（LAN）

局域网通常称为LAN，是覆盖范围在几千米范围内的一个特殊网络。局域网通常用于连接公司办公室或工厂中的个人计算机和工作站，以共享资源和交换信息。

与其他网络相比，局域网最突出的特点是覆盖范围相对较小。这不仅指地理上的覆盖范围，也指单位的覆盖范围。通常，一个LAN仅连接到一个单位内的计算机。

LAN具有覆盖地理范围相对较小的特点，这意味着即使在最坏的情况下其传输时间也是有限的，并且传输的时间可以预先知道。LAN的传输速度相对较快，随着技术的发展，LAN的速度已达到万兆以上。

知道了最大传输时间，我们也就知道了可以使用哪种设计方法。在LAN中，传统的传输技术是所有主机共享一个信道，这种技术不可能用于远程网络。我们可以通过共享信道，简化网络的设计和管理。

局域网的小地理覆盖范围也意味着网络故障的概率相对较小。显然，教室或建筑物中的网络几乎不受外界影响，而像WAN这样的全国网络很容易在某处发生故障。

早期的局域网技术包括以太网、令牌环网、令牌总线网等。如今，以太网已占据绝对优势，而其他类型的局域网已逐渐退出市场。

2.城域网（MAN）

城域网（MAN）基本上是一个大型局域网，通常使用类似于局域网的技术。它可以覆盖一组相邻的公司办公室和城市，既可私有，也可公用。早期MAN的标准是DQDB（分布式队列双总线），它支持数据和声音传送，可能涉及本地有线电视网。DQDB仅使用一根或两根电缆，不包括交换单元，即将分组分流到多个可能引出电缆的设备，这大大简化了设计。

近年来，MAN技术发生了很大变化。互联网的骨干向下延伸到中小城市，语音通信网络、广播电视网络、数据通信网络的逐步融合使得局域网与城域网之间的界限逐渐消失。另外，局域网正在利用互联网的结构和技术来构建，这使得网络技术趋于统一。

3.广域网（WAN）

广域网（WAN）是分布在较大地理区域中的网络，人们最常用的广域网就是互联网。WAN也可以是专用网络，如果一个公司在许多国家/地区设有办事处，则可以拥有通过电话线、卫星或其他技术连接到不同位置公司的WAN，这个WAN可以连接不同地方公司的LAN。

尽管WAN可以使用专用链路来连接网络，但它们通常使用常见的传输工具，如公共电话系统。因此，WAN的传输速度通常低于LAN的传输速度，WAN使用顶级调制解调器通过模拟电话线信号实现的典型速度低于56kb/s，即使高速WAN链路，如T1、线缆调制解调器和数字用户线（DSL），最高速度也只能在1～6Mb/s之内，而最慢的以太网LAN连接也能达到10Mb/s。

WAN的连接不能像LAN那样永久性布线，WAN连接经常（但不总是）进行拨号请求。许多WAN链路实际上是专用的并且始终是连接的，但临时连接在WAN上比在LAN上更常见。

综上所述，WAN可以使用私有的和公共的传输线；WAN连接包括永久专用连接和拨号连接。同时，与LAN链路相比，WAN连接通常较慢。

（二）按照传输技术分类

网络的主要技术特性取决于网络采用的传输技术，所以可以根据网络采用的传输技术对网络进行分类。

通信技术中，有两种类型的通信信道：一种是广播通信信道；另一种是点对点通信信道。在广播通信信道中，多个节点共用一个通信信道，一个节点广播信息，另外的节点必须接收信息。在点对点通信信道中，一条通信线路只能连接一对节点，若两个节点之间没有可以直接连接的线路，则要通过中间节点转接。因此，网络只有两种传输技术，通过通信通道完成数据传输：广播模式和点到点模式，对应的计算机网络也可分为以下两类。

1.广播网络

在广播网络中，所有联网的计算机共用一个通信信道。在某台计算机通过共享信道发送报文分组时，所有其他计算机都会“监听”该报文分组。由于目的地和源地址包含在发送的分组中，接收这个分组的计算机会核对目的地是否与该节点地址相同，如果相同，则接收该报文分组；反之，将丢弃该报文分组。在广播网络中，发送包的目的地址可分为三种：单节点地址、多节点地址和广播地址。

2.点对点网络

在点对点网络中，每条物理线路连接两台计算机。如果两台计算机之间没有直接连接，中间节点将接收、存储和转发它们之间的报文分组到目标节点。因为连接多台计算机的电路可能很复杂，所以从源节点到目标节点可能有多条线路。这决定了从源节点到目标节点的路由所需的路由选择算法。报文分组存储转发和路由机制是点对点网络与广播网络的重要区别之一。

第二节　计算机网络的结构与性能指标

一、计算机网络拓扑结构

在计算机网络中，计算机用作节点，通信线路用作连接，可以形成不同的几何图形，网络拓扑结构是研究网络图形的常见基本属性。网络相关的重要特征是网络的物理拓扑和逻辑拓扑，物理拓扑是指网络的形状，即电缆的布线方式；逻辑拓扑是指信号从网络的一个点移动到另一个点的方式。

网络的物理拓扑和逻辑拓扑可以是相同的：在物理形状是线性总线的网络（即网络是线性布局的）中，数据从一台计算机顺序传输到另一台计算机（即一条线路）；网络也可以具有不同的物理拓扑和逻辑拓扑：电缆以星型方式将所有计算机连接到中央集线器，而在集线器内，信号以环型方式从一个端口传输到另一个端口（即逻辑拓扑结构是环）。

根据不同的物理拓扑结构，计算机网络分为总线型、环型、星型、网状和混合型等。其中，总线型、环型和星型是局域网中的三种常见拓扑，网状拓扑主要用于需要高可靠性的情况，而WAN通常是混合型拓扑。

（一）总线型拓扑结构

尽管总线型拓扑目前很少见，但作为一种网络技术，我们应该对它有所了解，毕竟目前在某些方面仍然采用共享传输媒体的多路访问技术。

在总线型拓扑中，网络中的所有节点都直接连接到同一传输介质，称为总线。每个节点将根据某些规则使用总线及时传输数据。发送节点发送的数据帧沿总线传播到两端，总线上的每个节点都可以接收数据帧并决定是否将其发送到节点，如果是，则保留数据帧；反之，将丢弃数据帧。总线网络的“广播”传输取决于沿总线传播到两端的数据信号的特性。

总线网络中的所有节点共享总线，一次只能有一个节点发送数据，其他节点只能处于接收状态。为了使每个节点能够利用总线有序且合理地传输数据，必须采用分布式访问策略来控制每个节点对总线的访问。典型的总线网络是以太网。

由于总线网络有起点和终点，因此两端都需要终结。在电缆两端没有任何处理的情况下，信号将反射（一种将电磁波反射的常见物理现象，如光经由空气照入水面上的反射），所以通常是在电缆的每一端添加一个匹配电阻用以吸收信号。

人们通常使用粗略或精细尺寸的同轴电缆作为总线网络材质，采用以太网10Base-2或10Base-5架构。

总线网络的优点是电缆长度短，接线方便。总线只是一个没有处理功能的传输通道，从硬件上看属于无源器件，工作可靠性高，后期增加或减少节点也很方便。

总线网络的缺点是系统范围有限。由于数据速率和传输距离之间的相互制约，每根电缆的长度通常在几百米之内。虽然使用中继器可以延长总线长度，但是考虑到网络性能，两个节点之间的最远距离不能超过2.5千米。总线型网络采用共享分布式控制策略，需要在每个节点上执行故障检测，这是很难实现的。如果总线上发生故障，则需要移除故障总线段，并且故障隔离也非常困难。

（二）环型拓扑结构

在环型拓扑中，每个节点通过中继器连接到网络，中继器通过点对点链路连接以形成闭环网络。发送节点发送的数据帧顺环路单向传送，经过的每个节点都要决定是否将数据帧发送到该节点，如果是，则复制数据帧后将其传输到下个节点。在数据帧通过每个节点之后，发送节点将其回收。环型网就是通过这样的方式进行“广播”传输的。

因为多个节点需要共享一个环路，所以需要一个分布式访问控制策略来管理每个节点对环路的访问，通常采用基于令牌的控制访问方法。每个节点都有通过发送和接收控制的访问逻辑，并根据一些规则来控制节点对网络的访问，环网中节点的结构是复杂的。

环网的优点是所需的介质短，类似于总线结构；因为它的链路是单向的，所以光纤可以用作传输介质；因为它的链路是点对点的，所以同一环上的不同链路可以使用不同的传输介质；通信时，网络中信息传输的最大传输延迟时间是固定的，节点通过物理链路直接互连，传输控制机制相对简单、实时；易于安装；物理环状所需要的电缆数量多于总线拓扑结构，但小于星型拓扑结构。

环网的缺点是如果其中某个节点出现故障，可能会终止整个网络的运行，因此其可靠性较差。为了克服可靠性差的问题，一些网络采用具有自愈功能的双环结构，一旦某个节点出现故障，它就会自动切换到另一个环路。此时，网络需要调整整个网络拓扑和访问控制机制，如果环路不中断，则是可靠的拓扑；如果电缆在网络某处断开连接，那么整个网络将瘫痪。

（三）星型拓扑结构

在星型拓扑中，每个端点必须通过点对点链路连接到中间节点，并且任何两个端点之间的通信必须通过中间节点进行。在星型结构网络中，可以使用两种访问控制策略，分别是集中式访问控制和分布式访问控制，用以实现网络节点的网络访问控制。星型拓扑中使用的电缆一般是非屏蔽双绞线（UTP）。

在基于集中式访问控制策略的星型网络中，中间节点不仅是网络交换设备，还是控制每个节点的网络访问的网络控制器。在发送数据之前，端点首先向中间节点发送传输请求，只有在中间节点的许可下才能传输数据。在这种网络系统中，中间节点具有强大的数据交换能力和网络控制功能，系统结构更加复杂，但端点的功能和结构则更加简单。

在基于分布式访问控制策略的星型网络中，中间节点主要是网络交换设备。为网络节点提供传输路径和转发服务由存储—转发机制提供。中间节点会根据具体需求，将一个节点发送的数据转发给其他所有节点，以实现“广播”传输。每个终端节点根据网络状态控制自己对网络的访问。当下，大多数基于分组交换的局域网采用的都是这种网络结构，它已成为主流的网络技术。

星型拓扑有区别于总线型拓扑和环型拓扑的两个优点：第一，其容错性远高于上述两种，如果某台计算机断开连接或电缆坏了，只会影响该计算机，网络上的其他计算机可以照常通信；第二，星型网络为网络中的重新配置提供了便利，添加或移除计算机都很简单。

星型网络的缺点主要体现在价格方面。与总线型网络和环型网络相比，星型网络消耗更多电缆，还需要中央节点（集线器或交换机）。但是，设备价格的问题将随着技术的进步逐步得以解决。

（四）网状拓扑结构

网络拓扑是一种不太经常使用的局域网拓扑图，它不像前面讨论的三种拓扑那样常见。在网状网络中，每台计算机都直接连接到网络中的其他计算机。这些冗余连接使网状网络成为所有拓扑中最具容错能力的网络。如果从发送计算机到目标计算机的路径之一出现故障，则另一条路径也可以送达这一信号。这种优势被安装网状网络所需大量电缆的高成本和多台计算机中涉及的网络复杂性所抵消。每添加一台新计算机，连接数目都呈指数增长。因此，网状网络仅用于可靠性要求非常严格的情况。

（五）混合型拓扑结构

混合拓扑是指组合两种或更多种标准拓扑形式的网络（如混合网状总线、星型总线或环型总线），其特点是更加灵活，适用于现实中的许多环境，如广域网。

二、计算机网络体系结构

（一）协议和网络体系结构

1.协议

计算机网络的基本功能是资源共享和信息交换。为了实现这些功能，通常需要网络中的实体之间的各种通信和对话。这些通信实体的情况非常不同，如果没有统一的协议，结果一定是非常混乱的。人们经常将互联网比喻为“信息的高速公路”。为了共享资源和交换信息，我们必须遵循一些规则和标准，即协议。

事实上，协议在现实生活中无处不在，但我们已经熟视无睹了。下面这个生活场景可以帮助我们了解什么是协议。想象一下，当你向另一个人询问当前时间时，典型的对话过程如下：首先，你使用问候来建立双方之间的沟通，如你说："你好。"通常对方会回答"你好"作为对对话发起人的回应；然后你问道："现在几点了？"对方回答："9：30。"此时，问话成功。当然也可能会收到其他答案，如"请勿打扰我"或"我不会说中文"，或其他拒绝，或根本没有回复，表明对方不愿意交谈或无法交谈。在这种情况下，你会明白（协议）不能再去问时间了。人们发送信息并获得反馈（收到信息），然后根据反馈信息判断如何继续对话，这便是人与人之间的协议。如果人们之间有不同的协议，如一个人的行为方式，另一个人无法理解，或者一个人说的时间概念另一个人不明白，那么协议根本不起作用。

计算机网络协议与人类协议非常相似，除了执行协议的对象是硬件或软件实体，两个及两个以上数量的硬件和软件实体可以根据协议交换信息。例如，两个物理连接的计算机通过网卡执行协议控制连接线上的比特流信号的传输；终端系统之间的拥塞控制协议管理发送者和接收者之间的数据包传输；路由器中运行的协议确定从源地址到目的地的传输过程中数据包的路径选择。协议在互联网的任何地方都控制着信息的传输。

下面我们用一个例子来阐释计算机网络协议：在浏览器中输入Web地址（URL）来请求Web页面时会发生什么：

步骤1：浏览器将向Web服务器发送连接请求并等待响应；

步骤2：通常Web服务器将接收连接请求并返回连接响应；

步骤3：浏览器得知服务器已准备就绪，将GET信息发送到服务器以发送所请求Web的名称；

步骤4：Web服务器将请求的Web页面或文件发送回浏览器。

通过这个例子我们可以给出计算机网络协议的定义：协议定义了计算机网络中两个及两个以上通信实体之间信息交换的格式和顺序，以及在连接过程中应该生成的各种行为规则和约定。

协议有如下三个要素：

语法：数据和控制信息格式、数据编码等。

语义学：控制信息的内容、操作和响应。

时间安排：事件先后顺序与速度相匹配。

协议仅定义了各种计算机规则的外部特征，并未指定任何内部实现，这与人们日常生活中的一些规定相同，即只指定要做什么，而不描述如何做。计算机网络硬件和软件制造商按照协议规定生产网络产品，使生产的产品符合协议规定的标准，但制造商要选择使用哪种电子元件和哪种语言是没有规定的。

2.网络体系结构

网络协议是计算机网络必不可少的一部分，功能齐全的计算机网络需要一套协议集的支持。对于复杂的网络协议，组织它们的最佳方法是根据层次结构模型组织计算机网络协议。每个相邻层之间存在接口，不同的层通过接口为其上层提供服务，并屏蔽实现此服务的细节。我们将网络层次模型和协议集定义为网络体系结构。网络体系结构精确定义了计算机网络应该实现的功能，而如何实现这些功能的硬件和软件类型是具体的问题。

计算机网络采用层次结构的优点如下：

（1）各层之间相互独立

较高层只需要知道通过层之间的接口提供的服务，而不需要知道低层如何实现。每层的技术变化不会影响其他层，因此可以使用最适合该层的技术。

（2）灵活性好

当某层发生变化时，只要接口不变，就不会影响上下层。当不再需要某层的服务时，甚至可以直接取消。

（3）易于实现和维护

因为整个系统被分解为多个易于操作的部分，所以更容易控制大型复杂系统的实现和维护。

（4）促进标准化

每一层的功能及服务项目都有精确的描述。IBM公司在1974年提出了世界上第一个网络体系结构，即系统网络体系结构（SNA）。从那时起，许多公司都提出了自己的网络体系结构，其共同特点是它们都采用分层技术，但层的划分和功能的分配与所使用的技术术语都各不相同。随着信息技术的发展，各种计算机系统和计算机网络的互连已成为亟待解决的问题，而在此背景下，OSI参考模型被提了出来。

（二）ISO/OSI参考模型

1.ISO/OSI参考模型的分层结构

OSI参考模型清楚地区分了服务、接口和协议这三个概念：服务描述了每个层的功能；接口定义了高层如何访问层提供的服务；协议是每层功能的实现。通过区分这些概念，OSI参考模型定义了开放系统的层次结构和每个层提供的服务，将功能定义与实现细节分开，具有很高的通用性和适应性。

OSI参考模型本身不是网络体系架构。按照定义，网络体系结构是一组由网络层次结构和相关协议组成的集合。而OSI参考模型各层没有准确地定义每个层的协议，不讨论编程语言、操作系统、应用程序和用户界面，只描述了每个层的功能。虽然如此，也并不妨碍ISO为所有层设置标准，但这些标准不属于OSI参考模型本身。

OSI参考模型的特征如下：①它定义了抽象结构，而不是具体实现的描述。②不同系统上的同一层实体称为同等层实体，同等层实体之间的通信由层协议管理。③它是异构系统互连的体系架构，为互连系统通信规则提供标准框架。④每个层完成定义的功能，修改某层的功能不会影响其他层。⑤定义了面向连接和无连接的数据交换服务。⑥同一系统上相邻层之间的接口定义了较低层向较高层提供的基本操作和服务。⑦直接数据传输仅在最底层实施。

OSI模型将计算机网络体系结构划分为七个层：应用层、表示层、物理层、传输层、网络层、会话层和数据链路层。

OSI的每层都是用于执行一些主要功能的模块，具有独有的一组通信指令格式，也就是协议。用于在同层的两个功能之间进行通信的协议，称为对等协议。OSI参考模型层次结构的主要原则如下：①通过协议实现不同节点之间的对等层通信。②同一层中的不同节点具有相同的功能。③每层可以使用较低层提供的服务，并为上层提供服务。④通过接口实现同一节点中相邻层之间的通信。⑤网络中的每个节点都具有相同的层次。

OSI参考模型中的层由执行指定网络任务的实体组成，实际上是可以发送或接收信息的任何硬件或软件进程，在特殊情况下，实体是特定的软件模块。每个层可以包含一个或多个实体。

通信可以在不同开放系统里的对等实体中进行。管理两个对等实体之间通信的一组规则称为协议，两个实体之间的通信使本层能够向上一层提供服务。协议和服务的概念是不同的，相邻实体之间的通信通过它们的边界来执行，这些边界被称为相邻层之间的接口。接口规定较低层提供给上层的服务以及上层（下层）实体用于请求（提供）服务的正式规范语句，这些语句称为服务原语。因此，相邻实体通过服务原语发生相互作用。

协议是“水平”的，是两个不同系统内的对等层实体之间的通信规则；而服务是“垂直”的，由下层通过接口提供给上层。

相邻层之间的服务访问点是逻辑接口，通过其接口上的服务访问点（SAP）在相邻层之间交换信息，有时也被称为端口或插口。每个SAP都有一个唯一的地址编号。

2.OSI参考模型各层的功能

（1）应用层

应用层处于OSI参考模型的最上层位置，是用户与网络的接口。它包括许多计算机网络协议，用来完成用户的应用需求。应用层的功能是为用户提供使用网络的接口。

（2）表示层

表示层主要解决用户信息的语法表示问题。它运用信息格式转换的方法将抽象语法转换为适合OSI内部使用的传输语法，同时还负责数据传输的加密和解密。表示层的功能是数据格式转换、数据加密、解密等。

（3）物理层

连接不同节点的电缆和设备组合成了物理层。它是网络通信的传输媒介，处于OSI参考模型的最下层位置。物理层主要负责利用传输介质向数据链路层提供物理连接，以及数据传输速率的处理和数据错误率的监控，使数据流的透明传输得以实现。物理层的功能是保证二进制位流的透明传输。

（4）传输层

传输层在会话层中的两个实体之间建立传输连接，并在两个终端系统之间提供可靠透明的数据传输，这需要进行对误差、顺序和流量的控制。传输层中的数据传输单元是报文，大的报文分为多个分组进行传输。传输层只存在于终端系统中，软件在主机上运行。传输层的功能是端到端传输控制。

（5）网络层

网络层负责选择通信源节点和目的节点之间的最佳路径；传送的协议数据单元为数据包或分组。它负责使传输的数据包能准确到达目的地，还负责拥塞网络控制和负载均衡。当数据包要跨越多个通信子网时，还要提供网际互连服务。网络层的功能是源节点和目的节点之间的路径选择和拥塞控制。

（6）会话层

会话层在两个应用程序之间建立会话连接，这些应用程序相互通信，然后交换数据，同时还提供会话、令牌、同步管理等服务。会话层管理数据传输，但不参与特定的数据传输，传送单位是报文。会话层的功能是会话管理和数据传输同步。

（7）数据链路层

数据链路层负责在物理层提供服务的基础上建立通信实体之间的数据链路连接，解决两个相邻结点之间的通信问题，传输帧级单位的数据包，同时进行差错控制和流量控制，防止接收方处理高速数据不及时而导致的数据溢出或线路阻塞。

数据链路层的功能是网络中两个节点之间的无差错帧传输。OSI参考模型中，第1～4层（即低层）面向通信；第5～7层（即高层）面向信息处理。传输层是实现网络通信功能的最高层，但它只存在于终端系统中，可以作为传输和应用之间的接口。因此，传输层是网络体系结构中的一个重要层。

（三）TCP/IP参考模型

1.TCP/IP协议

基于TCP/IP（传输控制协议/互联网协议）模型，TCP/IP得以生成和开发。TCP/IP模型和协议簇使得世界上的任意两台计算机之间都能通信。

TCP/IP是传输控制协议/互联网协议的缩写，它最初的诞生是为了美国国防部的国防高级研究计划局（DARPA）的ARPANET中的计算机能够在通用网络环境中运行。ARPA NET建于1969年初，主要是一个实验项目。20世纪70年代早期，在网络建设的初步实践经验的基础上，开始了第二代网络协议的设计，称为网络控制协议（NCP）。20世纪70年代中期，国际信息处理联合会补充了NCP，TCP/IP协议随之出现了。在20世纪80年代早期，伯克利大学在UNIX操作系统的核心中设计了TCP/IP。美国国防部在1983年宣布ARPANET的NCP完全转变为TCP/IP，成为正式的军事标准。同年，SUN公司把TCP/IP引入了商业领域。

TCP/IP协议是在OSI模型之前开发的，是当前的行业标准，当今网络互连的核心协议。TCP/IP协议实现了异构网络的互联通信。

TCP/IP协议具有以下特征：①协议标准是开放且独立于特定计算机硬件和操作系统的。②实现了高级协议的标准化，可为用户提供更多样的服务。③统一分配网络地址，可以让每个TCP/IP设备都在网络中享有唯一的IP地址。

2.TCP/IP层次结构

协议分层有助于减少由通信系统的复杂性引起的不可靠因素，同时扩大应用范围。TCP/IP协议的体系结构建立在物理层硬件的概念层面上，共有四层：应用层、传输层、网络互联层和网络接口层，工作过程可以用“自上而下，自下而上”来概括。由于TCP/IP协议的设计没有考虑特定的传输媒体，所以没有规定数据链路层和物理层。这种TCP/IP层次结构遵循对等实体通信的原则，每层实现特定的功能。发送端的数据信息传输顺序为从应用层、传输层、网络互联层，最后到网络接口层，接收端则相反。

TCP/IP协议在不同层的功能如下。

（1）应用层

TCP/IP在设计时，认为高层协议应该包括会话层和表示层的细节，因此创建了一个用来处理高层协议有关表达、编码、对话的应用层。TCP/IP将所有与应用程序相关的内容分类到这一个层中，并确保为下一层正确分组数据。因此，应用层也叫作处理层。

（2）传输层

传输层负责处理的问题是可靠性、流量控制和重传等。其中使用的一种协议是传输控制协议（TCP），可以创建可靠性高、错误率低、流量流畅的网络通信过程。这类似于OSI模型的传输层。

（3）网络互联层

网络互联层的作用是将来自互联网上的网络设备源数据包发送到目标设备，该过程独立于它们经过的路径和网络。该层将自动完成路径选择。

（4）网络接口层

这一层也叫作主机—网络层。在OSI模型中，该层的功能显示为两层，包含选择物理线路及其从一台设备到直接连接设备的传输相关的一切问题。它包括LAN和WAN的技术细节，同时囊括OSI模型中物理层和数据链路层的所有细节。

3.TCP/IP协议簇

TCP/IP参考模型的每一层都具有组成TCP/IP协议簇的特定协议，这一点与OSI模型不同。

（1）网络接口层

网络接口层是TCP/IP协议的最底层，它的作用是联系网络层和硬件设备。该层中有许多协议，如逻辑链路控制和媒体访问控制。

（2）网络互联层

网络互联层负责计算机之间的通信，包含：①处理网络控制报文协议，也就是处理路径选择、流量控制、拥塞控制等问题。网络互联层决定了网络互联协议（IP）和数据分组格式。此外，该层定义了ARP、RARP和CMP协议。②对传输层分组发送的请求进行处理，在接收请求后将分组加载到IP数据报中，填充报头，选择路径，将数据报发送到合适的接口。

（3）传输层

传输层负责计算机程序与程序之间的通信及“端到端”通信。传输层可以调节信息流，为数据的到达提供可靠的传输。

传输层中的使用主要协议是TCP和UDP两种。TCP是一种面向连接的可靠协议，可确保通信主机之间有效的字节流传输。UDP是一种无连接的不可靠协议，优点是协议简单，但无法保证正确的传输，不能排除重复信息。因此，如果追求可靠的数据传输，应选择TCP协议；如果对数据准确性要求不高，但追求速度和效率的话，则选择UDP协议。

（4）应用层

应用层的作用是为用户提供一组通用应用程序。用户在该层调用访问网络的应用程序，应用程序与传输层协议协作以发送或接收数据。应用程序的种类有很多种，如一系列报文或字节流，其功能都是将数据传输到传输层进行交换。应用层协议主要如下：

超文本传输协议（HTTP）：提供WWW服务。

网络终端协议（TELNET）：用于远程序维护路由器、交换机等设备，实现远程登录。

域名管理系统（DNS）：域名转IP地址。

电子邮件协议（SMTP）：用于互联网传输电子邮件。

文件传输协议（FTP）：用于文件传输和软件下载。

简单网络管理协议（SNMP）：网络管理。

4.TCP/IP协议的工作原理

以下是传输文件（FTP应用程序）的示例，可说明TCP/IP的工作原理（假设网络接口层使用以太网）。

如果主机A要将文件传输到主机B，则数据流过程如下：

首先，源主机A上的应用层打包一系列字节流，并使用FTP将它们传输到传输层；其次，传输层将字节流划分为TCP段，并将TCP包头提供给网络互联层（IP层）；再次，IP层生成数据包，将TCP段放入其数据域，并添加源主机A和目标主机B的IP位置，IP数据包传递到网络接口层；最后，网络接口层中的数据链路功能将IP数据包加载到其帧的数据部分，并将其发送到目标主机或IP路由器。上述将必要的协议信息附加到数据的过程称为封装。

在目标主机B中，数据链路层删除数据链路层的帧头，并将IP包提供给IP层；IP层检查IP包头，如果包头中的校验和与计算的校验和不一致，则删除该包；如果是一致的，则IP层将删除IP包头并将TCP段提供给TCP层，TCP层检查序列号以确定TCP段是否正确；TCP层检查TCP包头和数据，如果不正确，TCP层丢弃数据包；如果正确，向源主机发送确认，随后TCP层删除TCP包头并将字节传递给应用程序。至此，目标主机B接收到字节流。

此示例让人感觉源主机和目标主机是直接连接的，而实际上它们跨越了多个网络，要求分组交换设备一次次地保存和转发。在每个站，IP和以太网数据包都会被分解和重新打包，只有TCP数据包保持不变。这就是传输层的功劳：对于两个端点计算机，它们认为TCP数据包是直接传递的。传输层屏蔽了下层的通信过程，这使得通信的两端更容易处理传输问题。

三、计算机网络性能指标

（一）速率

计算机发送的信号是数字形式。比特是计算机中的数据单位，即“二进制数字”，由0和1表示。网络技术的速率是指连接到计算机网络的主机通过数字信道传输数据的速率，又称比特率或数据率。速率是重要的性能指标，单位是bit/s。当数据速率高时，可以使用kb/s，Mb/s，Gb/s或Tb/s。

（二）宽带

宽带一词可以表示两种不同的概念。

1.带宽

带宽，即信号的带宽，指的是信号中包含的频率分量所占据的频率范围，单位是赫,即hz。所以，通信线路允许通过的信号频带范围为线路的宽带。

2.数据传输能力

数据传输能力，即计算机网络中通信线路的传输能力，单位是比特/秒，即b/s。所以，网络宽带表示可以在单位时间内从网络中的一个点传递到另一个点的“最大数据率”。

（三）吞吐量

吞吐量，即单位时间内通过网络、信道或接口传输的数据量，可用来衡量网络实际可传输数据的量，单位是字节数或帧数每秒。吞吐量受到网络的宽带或额定速率的限制，100Mb/s以太网额定速率为100Mb/s，那么其最大吞吐量也是这个数字。

（四）时延

时延是一个非常重要的指标，指的是数据从网络的一端传输到另一端的时长，包括以下不同部分。

1.发送时延

发送时延也称为传输时延，是主机或路由器发送数据帧所需的时间，其公式为：

发送时延=数据帧长度（b）/信道带宽（b/s）

由上式可知，发送时延与发送的帧长成正比，与信道宽度成反比。

2.传播时延

传播时延是电磁波在信道中传播一定距离所需的时间，公式如下：

传播时延=信道长度（m）/电磁波在信道上的传播速率（m/s）

主机或路由器在接收数据包时需要用一定时长来处理，如分析数据、检查错误和路径寻找等。

3.处理时延

当主机或路由器接收到数据包时，需要对数据包进行提取、分析、错误排查、路径选择等处理，此时需要的时间就是处理时延。

4.排队时延

数据包需要途经许多路由器，并在输入队列中排队，等路由器确定好转发接口后，才能通过网络传输。排队时延一般由当时网络的通信量决定，若当前通信量较小，则排队时延短；若当前通信量较大，则排队时延长。当网络通信量过大时，发送队列可能会溢出，导致数据包丢失。

综上可知，网络中数据经历的总时延是传输时延、传播时延、处理时延和排队时延的和，由当时的实际情况决定哪个是主导因素。

目前，人们认为“比特在高速链路上运行得更快”，这是错误的。在高速网络链路上，我们想要提高的应该是数据传输速率而非链路上比特的传输速度。数据的传输速率与负载信息的电磁波在通信线路上的传播速率无关。提高数据传输速率只会减少数据传输时延。此外，数据传输速率的单位是比特/秒，指的是某一点或接口的传输速率；传输速率的单位是每秒多少千米，是指传输线上比特的传输速率。一般指的“光纤信道的高传输速率”意味着光纤信道的传输速率可以非常高，但光纤信道的传输速率略低于铜线的传输速率。

（五）时延宽带积

传播时延乘以宽带，等于传播时延宽带积，公式如下：

时延宽带积=传播时延 × 宽带

链路上，管道的长度是链路的传播时延，截面是链路的宽带，时延宽带积就是这种链路可以容纳的比特数。所以，时延宽带积又叫作以比特为单位的链路长度。

（六）往返时间

往返时间表示从发送方发送数据到接收方接收确认所经过的总时间。互联网的往返时间涵盖每个中间节点的处理时延、排队时延、转发传输时延和传输的分组长度。

（七）利用率

利用率包括以下两种。

1.信道利用率

信道利用率指的是某个时刻信道使用的比率。例如，当一个信道是空闲的，此时它的利用率就是0。

2.网络利用率

网络利用率即全网信道利用率的加权平均值。

有人会有这样的误区，认为信道的利用率越高就越好。其实不然，因为当信道的利用率增加时，由信道引起的时延也会随之增加。当网络通信量增加时，网络节点上的数据包处理所需的排队时间越长，时延也就越长。当网络利用率达到其容量的一半时，时延会呈指数增长；当网络利用率接近1时，网络时延趋于无限。因此，一些较大骨干网络中的ISP通常将信道利用率控制在不超过1/2，一旦超过，则需要准备扩展并增加线路带宽。

第二章　计算机网络数据通信及电子技术

第一节　计算机网络数据通信技术

一、数据通信基本概念

数据通信技术是计算机网络技术发展的基础，并与计算机技术相结合，组成完整的计算机网络。

（一）数据、信息与信号

1.数据

数据指的是提前确定的、具体描述了客观事物的、具有某种含义的符号、字母和数字的组合，可以代表语音、图像、邮件、文件等多种内容。数据通信中的数据是指可由计算机处理的信息编码形式，可分为模拟数据和数字数据两种。

（1）模拟数据

取值连续，如温度、压力等都是连续值，即模拟数据。

（2）数字数据

取值离散，如二进制数据只有0、1两个取值，即数字数据。

因为数字数据在运用中更加方便存储、处理和传输而得到广泛应用，模拟数据也可以转换成数字数据再进行运用。

2.信息

信息指的是人们处理数据后获得的意义，是关于事物存在方式或现实世界中运动状态的一种知识。它可以用数字、文本、声音、图像等数据形式表示。

由此可以看出，数据是信息的载体和表达，而信息是数据的内容和含义。

3.信号

信号是数据的具体表达，可分为模拟信号和数字信号两种不同的形式。

（1）模拟信号

模拟信号是用连续变化的电信号来模拟原始信息的一种信号。由于幅度和相位会衰减，模拟信号会在一定距离传输之后失真，所以在长距离的传输中需要在中间适当的位置进行修复。

模拟信号可以表示数字数据或模拟数据，此时的二进制数字数据应由调制器调制成模拟信号，到达数据的接收端，然后可以通过调制解调器将模拟信号转换成相应的数字数据。

（2）数字信号

数字信号是用不连续的电信号来模拟原始信息的一种信号。通常，信息由两种脉冲序列编码，包括“高”和“低”两种电平。数字信号的电脉冲包含了大量的高频分量，因为有传输距离和速度的限制，当用于超过限制的长距离传输时，就要用专门的设备来“再生”数字信号。

数字信号可以通过编码/解码器的转换来表示数字数据或模拟数据。

（二）数据通信系统

数据通信指的是使用数据传输技术，根据通信协议，在两个功能单元之间，如计算机之间、计算机和终端、终端之间传输数据信息。它包括数据传输和传输前后的数据处理两个方面，前者是数据通信的基础，后者是远程数据交换的保障。

1.信源和信宿

信源是发送数据的设备，信宿是接收数据的设备。一般二者都是计算机或其他数据终端设备。

2.信道

信道是信号的传输通道，根据传输介质分类可分为有线信道和无线信道；根据使用权限分类可分为专用频道和公共频道；根据传输信号的类型可分为模拟信道和数字信道。

信道中包含通信设备和传输介质两部分。其中介质可以是有形介质，如双绞线、同轴电缆或光纤；也可以是无形介质，如电磁波等。

3.信号转换设备

信号转换设备有两种作用：①用接收部分中的信号转换装置将通道发送的数据恢复为原始数据。②用传输部分中的信号转换装置把来自信源的数据转换成适合于通过信道传输的信号。

（三）基本概念

1.信号传输速率和数据传输速率

信号传输速率和数据传输速率是数据通信速度的两个指标。信号传输速率也叫调制速率和波特率，即每秒传输的码元数，单位是波特。

在数字通信中，二进制数字通常由具有相同时间间隔的信号表示，该信号叫作二进制码元，该时间间隔叫作码元长度。

当数据以二进制形式表示的时候，一些信号脉冲在传输期间通常用0和1或0和1的组合来表示。

如果脉冲周期为T（全宽码为脉冲宽度），则波特率B为：

$$B=1/T \text{（Baund）} \quad (2\text{-}1)$$

数据传输速率，也叫信息传输速率，是以比特秒（b/s）为单位，在单位时间里传输的二进制位数。此时的“b”是小写，表示二进制位。

数据传输速率和波特率之间的公式如下：

$$C = B \times \log_2 n \quad (2\text{-}2)$$

在该公式中，C是数据传输速率，B是波特率，n是调制电平数（是2的整数倍），即由脉冲表示的有效状态。

根据上述公式，当系统的码元状态是2时，每秒传输的二进制数的数量等于每秒传输的码元数，即数据传输速率与波特率相等。如果系统的码元状态是4时，符号状态可以表示两个二进制数字，数据传输速率是波特率的2倍。

2.误码率

数据传输是为了保障在接收端处可以完整地恢复所发送的数据，但信道和噪声干扰不可避免地会发生错误。误码率就是在传输系统中错误传输二进制码元的概率，是衡量信息传输可靠性的参数。当发送的数字序列足够长时，它大约等于不正确的二进制位数与发送总位数的比。如果发送的比特总数是N，错误位数是N_e，误码率P_e的计算公式为：

$$P_e=N_e/N \tag{2-3}$$

但是，我们也不应盲目地追求低误码率，不然会使设备结构变得过于复杂，导致成本上升。因此，在设计通信系统时，根据不同任务和系统对可靠性的要求，在满足可靠性的基础上要尽量提高传输速率。

可靠性也可以通过误字率来表示，误字率是指错误接收的字符数与传输的字符总数的比例。因为码字总是由几个码元组成，所以无论几个码元错误，码字都会出错。因此，可靠性可以通过码字错误的概率来表示。

3.信道带宽

“带宽”在模拟系统中指的是信号占用的带宽。由傅里叶级数可知，特定信号通常由不同的频率组成，所以信号的带宽是指信号的不同频率所占用的频率范围，单位为赫兹。

模拟信道的带宽是指通信线路允许的信号频带范围。数字信道尽管使用了术语“带宽”，但它指的是数字信道的数据传输速率，以比特/秒为单位。

4.信道容量

大家都想让通信系统具有较高通信速度的同时兼具可靠性，但这两个指标是不可兼得的，因为在实际运用中，通信速度的提高势必会导致通信可靠性的降低。

在一定信道环境和误码率要求下，信息传输速率的极限值，即信道在单位时间内可以发送的最大信息量叫作信道容量，也就是最大传输速率，单位是比特/秒。它会受信道带宽的限制，在理想的无噪声通道中，奈奎斯特准则的公式如下：

$$C=2H\log_2 n \tag{2-4}$$

在公式中，H是低信道带宽（Hz），也就是信道可以通过的最高和最低频率之间的差值；n是调制电平数（为2的整数倍）；C是信道的最大数据传输速率。

但在现实中的信道是有噪声和有限带宽的，为了降低因此产生的误差和损失，香农推导出了带宽受限且有高斯白噪声干扰的信道极限速率，从而做到在传输时不出差错。香农公式如下：

$$C = H \log_2(1 + S / N) \tag{2-5}$$

在公式中，C是信道容量，也就是信道极限传输速率；H是信道带宽，也就是信道可以通过信号的最高和最低频率之间的差异；S/N是信噪比，通常以dB（分贝）表示，其中S是信号功率，N是噪声功率。分贝与一般比率之间的转换关系如下：

$$分贝（dB）=10\lg（S/N） \tag{2-6}$$

从香农公式中可以看出，信道容量与信道带宽、信号功率和噪声功率有着很大的关系：

（1）信道容量与信噪比成正比

当信道带宽固定时，增加信号功率和降低噪声功率也可以提高信道限制率。

（2）当信道容量固定时，信道带宽与信噪比成反比

当确定信道极限率时，可以通过增加信道带宽来降低信噪比，反过来也是如此。

（3）信道容量与信道带宽成正比

当使用高带宽传输介质时，如光纤，信道极限速率将大大提高，这也是信息高速公路发展的主要思路。

二、数据通信的基本方式

（一）并行传输与串行传输

1.并行传输

当采用并行传输时，同时在信道上传输多个数据位，每个数据位具有其专用的传输信道。

该传输模式的数据传输速率快，适用于短距离数据传输中的并行传输。而用于长距离数据传输的话，技术投入和成本投入都会很大。

2.串行传输

串行传输指的是数据在通信设备之间的信道中依次地传输。

由于发送端和接收端设备中的数据通常并行传输，所以需要在发送端将数据传输到线路之前进行并行/串行转换；当数据到达接收端时，还需要进行串联/并行转换。

串行传输因为只有一个传输通道，所以在远距离数据传输中也能实现操作简单、花费较低的成本诉求；但缺点是数据传输率较低。

（二）单工、半双工和全双工传输

数据通信操作模式可分为以下三种。

1.单工通信

两个数据站之间的数据传输只能在指定的方向上进行。数据从站A发送到站B，叫作正向信道；从站B到站A发送联络信号，叫作反向信道。

2.半双工通信

信息流可以在两个方向上传输，但是在某个时间仅在一个方向上传输。半双工通信只有一个信道，分时使用。通信双方都有发送器和接收器，当A发送信息时，B只能接收；B发送信息时，A只能接收。其优点是可以节省传输线路资源，缺点是频道方向切换频繁，导致效率低下。

3.全双工通信

两个通信站之间有两条路径，可同时进行信息的发送和接收。当A通过其中一条信道发送信息给B时，B也在接收的同时使用另一个信道发送信息给A。它相当于组合两个相反的单工通信模式，适用于计算机通信。

（三）同步传输和异步传输

在串行数据传输过程中，数据逐位传输，时钟脉冲控制每个数据位的传输和接收。发送方通过发送时长来确定数据位的开始和结束，而为了正确识别数据，接收方和发送方必须保持相同的速度，接收方需要以适当的时间间隔对数据流进行采样，否则漂移现象的产生会让数据传输错误。

数据通信的同步包括位同步和字符同步两种。

1.位同步

在传输过程中，就算数据收发两方的时钟频率标称值相同，也会有轻微的误差，将导致发送方和接收方之间的时钟周期略有不同，这些小误差将在海量数据传输过程中累积，最终导致传输错误的发生。因此，解决时钟频率一致性的问题是当务之急，即要求接收方根据发送方发送数据的开始和停止时间以及时钟频率来校正自己的，这个过程就叫作位同步。具体方法如下：

（1）外部同步方法

为了实现发送方和接收方之间的位同步，发送方和接收方之间有两路信号：一个用于数据传输，另一个用于同步时钟信号校正。该方法由于需要专用线路，所以成本较高，不常使用。

（2）内部同步方法

发送方发送的数据要有丰富的定时信息，以便接收方可以实现位同步。

2.字符同步

由几个二进制位组成的字符（字节）或数据块（帧）同步的问题也很关键。目前有异步通信和同步通信这两种解决方案。

（1）同步通信

具体的方法为：发送端在有效数据传输之前先发送一个或多个用于同步控制的特殊字符，即同步字符SYN，接收端根据SYN确定数据的起止进行字符同步。

同步通信要求传输线路上必须始终有连续的字符位流，在没有有效数据传输的时候，该线路应填充空闲或同步字符。

在同步传输中，发送器和接收器之间的每个数据位都是同步的。数据组（数据帧）的数量不限，少则几个，多则成千上万，通信效率很高，但不太容易实现，更适合高速数据传输。

（2）异步通信

异步通信指的是两个字符之间的时间间隔不固定的通信。起始位、数据位、奇偶校验位和停止位组成异步通信中的字符。起始位表示接收器可用于将其接收时钟与数据同步的字符的开头；停止位表示字符的结束。从起始位开始到停止位结束的一串消息，称为帧。

异步通信格式是以逻辑“0”（低电平）位开始，然后发送5～8位的数据位，按先低位、再高位的顺序发送。奇偶校验位用于验证数据传输的正确性，可以由程序指定。发送逻辑“1”（高电平）的是停止位，可以是1位、1.5位或2位，两位字符之间的空闲位应填充高电平1。

异步通信中的字符可以连续发送或单独发送。如果没有字符发送，则线路上始终发送停止电平。因此，字符的开始时间是任意的，发送器和接收器之间的通信是异步的。

异步通信的字符同步简单，接发双方的时钟信号无须严格同步；但每个字符都需要添加额外的起始位和终止位，通信效率低，所以不适合高速数据通信。

（四）基带传输与频带传输

传输方式可根据数据信号是否产生频谱位移分为以下两种。

1.频带传输

频带传输也叫作宽带传输。该传输方法将二进制脉冲所表示的数据信号转换为交流信号，以便在长通信线路上的传输。通常，发射端的调制解调器会将数据编码波形调制成一定频率的载波信号，以此来改变载波的某些特性，将载波传输到接收端后，再次对载波进行解调，恢复原始数据波形。

2.基带传输

基带传输指的是把数字数据转换为拥有原始固有频率和波形的电信号进行在线传输。在计算机等数字设备中，表示二进制数序列的方法是方波“1”或“0”，分别表示为“高”或“低”。方波的固有频段称为基带，电信号称为基带信号，直接在信道上传输的基带信号称为基带传输。因为基带信号的频率是从直流到高频的，所以只能用于较宽的信道带宽和较短距离的传输。近年来，随着光纤传输技术的发展，在计算机网络的骨干传输网络中，主要采用带宽高、抗干扰能力强的光纤数字传输，基带传输逐渐淡出人们的视线。

三、数据编码技术

在数据通信中，数字和模拟数据都可以使用模拟或数字信号进行传输，一切从原始数据到另一种数据形式的转换都是编码的过程。数据编码方法有以下三种。

（一）数字数据用数字信号表示

在数字信道上传输数字信号时，要解决用物理信号表示数字数据的问题，可以用不连贯的电压或电流的离散脉冲列来表示离散数字数据，每个脉冲代表一个信号单元。它可以用不同形式电信号的波形来表示。现在我们只讨论二进制数字符号“1”和“0”分别由两个码元表示的情况，每个码元对应一个二进制符号。

1.单极性码

单极性码是指在每个码元的时间间隔内，有电压（或电流）为二进制“1”，无电压（或电流）为二进制“0”。每个符号时间的中心是采样时间，决定阈值是半幅电压（或电流），设置为0.5。如果接收到的信号值介于0.5和1.0之间，则判断为“1”；介于0和0.5之间的值，则判断为“0”。

如果在整个码元时间内保持有效电平，则代码属于全宽代码，叫作单极性不归零编码。如果逻辑“1”只维持一段时间，则它变为电平0，称为单极性归零编码。

单极编码原理简单，易于实现，但是也有一些劣势：①当单极不归零码连“0”或连“1”时，线路长时间保持固定电平，接收机将不能提取同步信息。②包含了较大的直流分量。对于非正弦周期函数，根据傅里叶级数的规定，直流分量等于函数在周期内的面积除以周期。如果“0”和“1”的概率相同，单极NRZ编码的直流分量将是逻辑“1”对应值的一半，虽然小于单极不归零码，但依然存在，会引起较大的线路衰减，不利于变压器和交流耦合线路的使用，限制传输距离。③当单极归零码连“1”时，线路电平跳变，接收机可以提取同步信息；但连“0”时，接收机仍然不能提取同步信息。

2.双极性码

每一个码元的时间间隔，发出一个正电压（或电流）来表示二进制“1”，发出一个负电压（或电流）来表示二进制“0”，正振幅等于负振幅，称为双极性码。如果有效电平在整个符号时间内保持不变，则此代码属于全宽代码，即双极性不归零编码。如果逻辑“1”和逻辑“0”的正负电流只维持一段时间，则变为0电平，称为归零编码。

双极性码的判定门为零电平，接收到的信号值大于零则判定为“1”，小于零则判定为“0”。

双极性码有以下特点：①当双极不归零码连“0”或连“1”时，线路长时间保持固定电平，接收机不能提取同步信息。②当“0”和“1”的出现概率相同，则双极代码的直流分量为“0”。但连“0”或连“1”时，它仍有很大的直流分量。③当双极归零码连“0”或连“1”时，线路电平跳变，接收机可以提取同步信息。

3.曼彻斯特编码和差分曼彻斯特编码

曼彻斯特编码是在每个时间间隔内每个代码元素中间的一个电平跳变，从高到低的跳变为“1”，从低到高的跳变为“0”。

差分曼彻斯特编码是曼彻斯特编码的升级版，每个字符中间也有一个跳变，但不表示数据，而是用每个码元开始时是否跳变表示“0”或“1”。

曼彻斯特码和差分曼彻斯特码都是在码元间有跳变，不含直流分量；在连“0”或连“1”时，接收器也可以从每个跳变提取时钟信号进行同步。因为误差小，稳定性高，在计算机局域网中得到广泛运用。但曼彻斯特编码会使信号的频率增加一倍，所以对信道带宽和设备的要求也提高了。

（二）数字数据用模拟信号表示

计算机用的都是数字数据，要想在模拟信道中传输，就需要将数字数据转换成模拟信号搭载载波传输，再在接收端将其恢复。

数字数据通常选择合适频率的正弦波作为载波，通过数据信号的变化来控制，通过编码将数字数据“寄生”在载波上。载波可以在模拟信道上传输，这个过程叫作调制；提取载波上的数字数据的过程叫作解调。基本的调制方法有以下三种。

1.调幅制

调幅制即根据数字数据值来改变载波信号的振幅。载波的两个振幅值都可用于表示两个二进制值。这个方法技术简单，但是不抗干扰，易受影响，所以效率较低。

2.调频制

调频制，利用数字数据的值来改变载波频率，两个频率分别代表“1”和“0”。它比调幅制更抗干扰，但与此同时也要占用更宽的频带。

3.调相制

调相制是由载波信号的不同相位表示的二进制数。它可根据相位参考点的不同分为以下两方面：

（1）绝对调相

用正弦载波的不同相位直接表示一个数。如果发送数据“1”，绝对相移调制信号与载波信号的相位差为0；发送数据“0”，绝对相移调制信号与载波信号的相位差为π。

（2）相对调相

利用符号信号前后码元的相对变化来传输数字信息。如果发送数据“1”，载波相对于前一码元的载波相位差为π；发送数据“0”，载波相对于前一码元的载波相位差为0。

（三）模拟数据用数字信号表示

数字数据传输之所以在计算机网络中得到广泛的应用，是因为它具备以下优点：传输质量高，因为数据本身就是一个数字信号，所以更适合在数字信道中传输；在传输过程中，信号可以通过“再生”进行中继，而不会积累噪声。

为了通过数字通道传输模拟数据，需要对模拟信号进行数字化。通常的方法是在发送器上设置模拟—数字转换器（即编码器），将模拟信号转换成数字信号进行传输；同时，在接收端设置数字—模拟转换器（即解码器），将数字信号转换成模拟信号。

模拟信号的数字编码一般需要用脉冲编码调制（PCM）对振幅和时间进行离散处理，包括三个步骤：

采样：把模拟信号转换为时间离散但振幅连续的信号。

电平量化：对采样信号幅度的离散化处理。

编码：将前两步中得到的离散状态信号处理成数字信号。

在这一系列的过程中，应采取措施将不可避免的误差控制在可接受的范围。

1.采样

在一定的时间间隔内提取模拟信号的值表示原始信号，这个值被称为振幅采样值。采样频率在实际应用中通常是最高信号频率的5～10倍。奈奎斯特采样定

理规定，模拟—数字信号转换中的采样频率大于信号中最高频率的2倍时，所采样的数字信号完全保留原始信号中的信息频率，即

$$f_s = 1/T_s \geq 2f_m \quad (2\text{–}7)$$

公式中，f_s为采样频率，T_s为采样周期，f_m为原模拟信号的最高频率。

2.量化

量化的作用是将采样值划分量级，让每个采样都近似量化为相应的水平值。这个过程肯定会产生误差，可根据精度要求将原始信号分为多少个量化级，如8级、16级等。目前的声音数字化系统通常分为128个数量级。

3.编码

编码是用对应的二进制编码表示样本值。如果量化级为N个，则二进制编码位数为$\log_2 N$。如果使用脉冲编码调制对声音进行数字化，通常是128个量化级别，则有一个7位编码。

脉冲编码调制方案具有相等的量化级别，不管信号的大小，每个样本的绝对误差都是相等的。为了减少整个信号的失真，通常采用非线性编码技术来改进对脉冲编码调制，在低振幅下使用更多的量化级，在高振幅下使用较少的量化级。

四、多路复用技术

为了扩大通信系统中的传输容量，提高传输效率，人们经常采用多个不同的信号源在同一通信介质上同时传输的多路复用技术，进行多路复用信号组合在物理信道上传输，然后在接收端由专用设备将各个信号分离出来，提高通信线路的利用率。

多路复用要求信道的带宽更宽，信号的传输速度更快。信道的实际传输能力超过单个信号所需的能力是实现多路复用的前提。多路复用可根据信号分割技术的不同分为以下三种类型。

（一）频分多路复用技术

频分多路复用（FDM）根据不同的频率参数对信号进行分段，将多路带宽较窄的信号集中在一个宽信道上传输。

频分多路复用将信道的传输带分成几个窄带，每个窄带构成一个子信道独立

传输信息。在两个相邻子频率之间都会设置一个防止信号间相互干扰的保护带。接收器使用滤波器根据频率分离接收到的时域信号，从而恢复原始信号。

下面列举一个频分多路复用的常见案例：语音信号通信系统。原本语音通道的带宽在3000Hz上下，当多个信道一起使用时，每个信道以足够远的间隔分配到4000Hz，每个语音信号都用不同频率载波来调制。在时间域中信号是混在一起的，然而在频率域中，频谱实际上发生了搬移，因为每个信道占用不同的频带，所以没有混淆。到达接收端后，滤波器将不同频段的信号恢复成原始信号。

频分多路复用的操作简单，技术成熟，系统效率较高。缺点是：保护频带降低了效率；信道的非线性失真改变了其实际的频率特性，容易引起串扰和噪声干扰；所需器件的数量较多且体积较大；因为本身无法提供差错控制，不便于监测性能，所以在数据通信中，频分多路复用正被时分多路复用所取代。

（二）时分多路复用技术

1.同步时分多路复用

同步时分多路复用指的是当信道上的最大数据传输速率大于等于各路信号的速率之和时，将信道时间分片分配给多个信号，每个信号只在各自的时间片中利用信道进行传输。

同步时分多路复用提前将时间片分配给每一条低速线路，时间片固定。多路复用器一次只占用一个信道，按指定顺序从每个信道中检索数据。分路器可以按预设顺序从多路复用通道中检索数据，并将其正确传输到目标线路。

同步时分多路复用以固定的方式将时间片分配给每个低速线路，规定了无论低速线路中是否有数据传输，都不能占用属于它的时间片。但在计算机网络的日常数据传输中，突发情况时有发生，如果一条线路长时间没有数据，信道容量就不能得到充分的利用，从而造成通信资源的浪费。

2.异步时分多路复用

异步时分多路复用（STDM）可以动态分配时间片，在某一条低速线路空闲的时候，其他终端可以占用它的时间片。

每个低速线路的数据首先发送到缓冲器，由多路复用器取出并发送到复用信道。当低速线路没有数据时，不会占用缓冲器和复用信道，提高了线路的利用率。因为计算机网络的数据传输会有突发性，在一定的时间内只有少数线路工作，而异步时分多路复用信道的速率小于所有低速线路速率的和，从而节省了线路资源。在实际使用中，异步时分多路复用可以为更多的用户服务，因此得到了更大范围的推广和使用。

异步时分多路复用不仅有上述优点，还有以下几个方面相对较难实现：①缓冲器设计。每条低速线路的输入条件和多路复用器所取的数据的情况都决定了缓冲器读写速度和容量：如果太小，后续数据无法存储，导致数据溢出和丢失；如果太大，则会造成资源浪费。②需要对低速线路的数据进行编址以使接收端区分接收数据的来源和目的地，导致通信效率低、实现过程复杂。

（三）波分多路复用技术

波分多路复用（WDM）是用于光纤信道的频分复用的一种变体。两根光纤以不同的波长连接到一个棱镜或衍射光栅，通过棱镜或光栅组合在一根共用的光纤上，发送到目的地，在那里被接收端的同一个装置隔开。

因为每个信道都有属于自己的、相互隔离的频率范围，所以它们可以在长距离光纤上多路复用。光纤系统中使用的衍射光栅是无源的，所以可靠性比电子FDM高。

需要指出的是，WDM之所以如此流行，是因为光束信号上的能量通常只有几兆赫宽，是目前最快的转换方法。在所有的输入通道都使用不同的频率的情况下，一根光纤的带宽约为25000GHz，许多信道都可以复用在上面。

五、数据交换方式

通过一条线路直接连接是两个设备进行通信的最简单的方法，但这在广域网等网络中通常是不切实际的。两个相距很远的设备之间只能通过由传输线和中间节点组成的通信子网进行连接，当信号源与信宿之间没有直接连接时，信号源发送的数据首先到达中间节点，然后从该节点往下逐一传递，直至传递到信宿。这个过程称为交换。

计算机网络通信中的数据交换可分为以下三种。

（一）电路交换

电路交换要求在两个通信端之间建立物理路径，并在整个传输过程中对路径进行独占交换。电路交换通信过程可分为以下三个阶段。

1.建立电路连接

在传输任何数据之前，建立全双工的端到端或站到站的电路。

2.数据传输

电路建立后，信源和信宿都可以沿既定的传输线进行数据传输，可以是单工、半双工或全双工的。

3.拆除电路连接

当数据传输结束时，由任一站点发出断开连接的请求，随后连接拆除。

虽然电路交换的可靠性高、速度快，且能保证数据的传输顺序，但是在使用中电路不能共享，而且电路建立和拆除的时间长，如果传输的数据量小的话，资源花费就较大。根据这一特点，高质量系统之间传输大量数据时较适合使用电路交换。

（二）报文交换

由于电路交换会独自占用信道，降低了电路的利用率，所以另一种类型的数据交换方式——报文交换便产生了。

报文是用户的完整信息单元，在不同的环境中有不同的限制，长度从几千字节到数万字节不等。

报文交换的方法是“存储—转发”。当源站发送报文时，它将目标地址添加到报文中，并将其发送到相邻的节点，该节点根据目标地址及其自身的转发算法确定下一个接收报文的节点，以此类推，直到报文到达目标地址。两个通信方之间没有专用通信线路，以报文的形式交换数据。

该方法可以平滑业务，充分利用信道。只要存储时间够长，信道的忙闲状态就可以被均匀化，所需的信道容量和交换设备的容量就可以被大大压缩。

虽然有很多优点，但是报文交换网络延迟长、波动范围大，不适合实时或交互通信。

（三）分组交换

分组交换是一种集电路交换和分组交换优点于一体的交换方法，也叫作包交换。

分组交换仍然使用存储—转发技术，但与报文交换不同的是，分组交换将长报文划分为固定长度的“段”。每个段以及交换信息所需的调用控制和错误控制信息组成一个交换单位，这种单位叫作报文分组，也叫分组或包。

分组交换的优点是长度固定、格式统一，所以更加便于存储、分析和处理。分组在中间节点确定新路径的时间较短，转发到下一个中间节点或用户终端的耗时较少，传输速度高于报文交换，但是低于电路交换。

分组交换与报文交换相比，明显的优势体现在：第一，时间延迟减少。当第一个分组被发送到第一个节点时，其他分组可以接着发送并同时在网络传播，这大大减少了时延，减少了每个节点的缓冲容量，提高了节点存储资源的利用率；易于实现线路统计，提高了线路的利用率。第二，可靠性高。分组是独立的传输实体，更易进行差错控制，有利于降低分组交换网络中数据信息传输的错误率。由于分组交换网络中传输的路由可变，提高了网络通信的可靠性。第三，新传输容易开启。紧急数据可迅速发送，不与低级报文拥堵。第四，通信环境灵活。不同同步方法、信息格式、编码类型、传输速率和数据终端都可以用分组交换进行通信。

分组交换的缺点：对中间节点的处理功能有较高要求。中间节点要分析处理各种分组，为分组提供传输路径，为数据终端提供转换服务，为网络维护提供必要的网络维护管理报告等。分组交换网络中的附加传输信息会影响分组交换的传输效率。

分组交换提供两种服务方式：数据报和虚电路。

1.数据报模式

被传输的分组称为数据报，几个数据报构成一个报文或数据块。在数据报模式下，每个分组分别处理。

当一个信源想发送报文时，会把报文分成数个数据报逐个发送到网络节点，每个数据报都有足够的序列号、地址等详细信息，以便单独处理传输。节点接收到数据报后，会结合数据报中的信息和当前网络情况选择到下一个节点的合适路径。因为当前网络流量、故障的不同导致的路径选择不同，所以并不是每个数据报都会以发送时的顺序到达目的地节点，有些甚至可能会在途中丢失。

2.虚电路模式

在虚电路模式中，交换网络在发送分组之前通过呼叫建立到目的地的逻辑路径，一条报文的所有数据报都顺着这条路径存储和转发，中间节点不处理分组，也不选择任何其他路径。根据多路复用原理，每个中间节点可以与其他中间节点建立多个虚电路，也可以同时建立多个中间节点的虚电路。

虚电路技术与电路交换模式都是面向连接的交换技术，都要经过“建立连接、数据传输、拆除连接”这三个步骤。数据沿着已建立的连接路径传输，按顺序到达目的地。

综上所述，分组交换的两种模式各有优劣，具体包括：①与数据报模式中的每个分组都要携带完整的地址信息相比，虚电路模式只需要虚电路号码标志，减少了信息的比特数和额外的成本。②数据报模式中的每个组可以独立选择路由，当某个节点发生故障时，后续分组可以另选路径，保证信息的正常传输。而如果虚电路的某一个节点出现问题，则所有通过该点的虚电路都会丢失，造成信息传输失败。③数据报模式自身没有差错和流量控制系统，需要客户端主机来负责；而虚电路模式中的网络节点可以执行这一任务，即网络保证分组按顺序传送，不会丢失或重复。

虚电路技术与电路交换模式的区别：虚电路采用存储—转发模式传输数据，分组仍然需要存储在每个节点上，且要在线路上排队，只间歇地占用链路。虚电路标识符只是逻辑信道编号而不是物理电路，因此一条物理线路可标识为许多逻辑信道编号，体现了信道资源的共享性。

第二节　电路基础及模拟电子线路技术

一、电路基础

电路是电气设备和元件以一定方式连接的通用系统，也称为电子线路或电气回路。其规模小到硅片集成电路，大到高低压电网。电子电路可以根据处理的信号类型分为模拟电路和数字电路。

模拟电路是一种处理连续电信号的电路，包括放大电路、振荡电路和线性运算电路。

数字电路以二进制数字逻辑为基础，工作信号为离散数字信号。电路中的电子晶体管时开时关。它的典型电路有振荡器、寄存器、加法器、减法器等。

集成电路是一种微型电子器件。它将所需的晶体管、二极管、电阻器、电容器和电感器在电路和布线的互连中，制作成一小块或几小块的半导体芯片或介质基板，然后封装在管壳内，提供所需的电路功能。所有元件在结构上已形成一个整体，体积小、重量轻、寿命长、可靠性高。

微电子系统是根据需要的功能设计通用或专用的集成电路。换言之，所需的功能是通过诸如CMOS之类的电路实现的，所需的集成电路产品是根据具体的加工工艺，按照版图设计的要求制造的。也可以把整个微型计算机系统集成到一块硅片上，称为系统集成。

（一）电路和电路模型

电路是电流通路，其基本功能是实现电能的传输、分配和电信号的产生、传输、处理和利用。

基本电路必须包括电源、负载和导线三个要素。电路在实际运行过程中的性能相当复杂。为了用数学方法从理论上判断电路的主要性能，有必要忽略实际器件在一定条件下的次要特性，并理想化其主要特性，从而得到一系列理想化元件。

电路模型是一种通过抽象实际电路本质而形成的理想电路。通过在一个平面上绘制一个具有理想元件的指定符号的电路模型而形成的图称为电路图。一个非常简单的电路模型图，包括电阻、负载和电源等。电源是电路中极为重要的电路元件，不仅指熟悉的蓄电池、发电机等电源，还包括信号源等。根据是否依赖于外部能量，可分为独立电源和非独立电源。独立电源可分为独立的电压源和独立的电流源，这两个都是从实际电源中提取出来的电路模型，属于两端有源元件。

在日常生活中，较为常用的实用电源的原理都和电压源类似，其电路模型是电压源与电阻的串联组合；而光电管等工作特性类似电流源，电路模型是电流源和电阻的并联组合。

上述电压源和电流源常被称为独立电源，受控（电）源则被称为非独立电源。受控电压源的激励电压或受控电流源的激励电流与独立电源不同，前者受电路电流或电压的控制，而后者是独立的。

受控电压源或受控电流源可分为电压控制电压源、电压控制电流源、电流控制电压源和电流控制电流源四种。

（二）基尔霍夫定律

1845年，德国吉斯塔夫·罗伯特·基尔霍夫提出了集总参数电路中流入节点的电流与电路电压的内在关系规律。该定律阐明了集总参数电路中电流进出节点与电路各段电压之间的约束关系，这就是基尔霍夫定律。

基尔霍夫定律规定，如果把电路各支路的电流和支路电压作为变量，这些变量受两种约束，一种来自于元件特性，如线性电阻元件的电压与电流必须满足$u=ri$，这种关系称为元件的组成关系，即电压电流关系VCR构成变量的元件约束；另一种约束是由元件互连所带来的分支电流或分支电压之间的约束关系，称为“几何”或“拓扑”约束。

基尔霍夫电流定律（KCL）提出：“在集总参数电路中，任何时刻流出任何节点的所有分支电流的代数和等于零。”这里提到的电流“代数和”是由“电流是流出还是流入节点”决定。电流是流出节点还是流入节点取决于电流的参考方向，如果在电流流出节点之前取“+”，则在电流流入节点之前取“-”。因此，对于任何节点：

$$\sum i = 0 \tag{2-8}$$

基尔霍夫电压定律（KVL）提出：“在集总电路中，所有分支电压的代数和在任何时间的任何回路都等于零。”因此，沿任一回路：

$$\sum u = 0 \tag{2-9}$$

在上述方程中，回路的方向需要任意指定，如果支路电压的参考方向与回路的方向相反，则电压应为之前的“-”；如果支路电压的参考方向与回路的方向相同，则取前面的“+”。

（三）电路中的常用定理

1.叠加定理

在线性电路中，两个或多个独立电源同时作用的效果等于每个独立电源单独作用的效果之和。当一个独立的电源被认为是单独作用时，其他独立的电源会被其内阻所取代，但所有非独立的电源都保留。这个原理是线性电路定义的直接结果。

2.戴维南定理

任何有源线性二端网络都可以用等效阻抗串联恒压源代替。恒压源的电动势等于二端网络的开路电压（断开负载）；等效阻抗等于用其内阻代替网络中的每个独立电源后的二输出端的阻抗，这样得出的网络叫作原网络的戴维南等效电路或电压源的等效电路。

3.诺顿定理

任何有源线性二端网络都可以用等效阻抗并联恒流源代替。恒流源的电流等于二端网络的短路电流，等效阻抗等于用其内阻代替网络中的每个独立电源后的二输出端的阻抗，这样得出的网络叫作原始网络的诺顿等效电路或电流源的等效电路。

二、模拟电子线路技术

电子技术是19世纪末20世纪初开始发展的新兴技术，在20世纪应用日益广泛，是现代科学技术的重要标志之一。21世纪，人们进入了以微电子、计算机和互联网为标志的信息社会，高新技术的广泛应用使社会生产力和经济得到了前所未有的发展。现代电子技术在科学、工业、医药、通信和生活等领域都发挥着重要作用。在当今世界，电子技术无处不在：电视机、数码相机、手机、平板电脑、互联网、智能机器人、航天飞机和空间探测器。可以说，现在的人们就生活在一个多样化的电子世界中。

电子技术已应用于社会各个方面，极大地促进了社会的发展。但无论是小到纳米级的电子芯片还是大到几十吨的空间设备，其功能电路的组成都离不开电子技术的基本组成部分。如今电子技术的发展已经从离散电子器件的组合发展到集成化、模块化的方向。

（一）PN结工作原理

本质上，自然界的材料可以根据其导电性分为导体、半导体和绝缘体。强导体有铜、铝、铁等；橡胶、木头、陶瓷制品等不能导电，称为绝缘体；有一些材料，如硅、硒、锗和许多化合物等具有导体和绝缘体之间的导电性，称为半导体，其中完全不含杂质且无晶格缺陷的纯净半导体称为本征半导体。

1.PN结的形成

虽然本征半导体中既有自由电子载流子又有空穴载流子，但数量少，导电性差，也难以控制。为了解决这一弊端，人们发现在本征半导体材料中加入一些杂质元素，就能提高并控制其导电性，这样得出的半导体叫杂质半导体。根据添加杂质的化学价不同，杂质半导体可分为P型半导体和N型半导体：P型半导体中的微量元素是三价，N型半导体中的微量元素是五价。

PN结是各种半导体器件的基础，其定义是：空穴和自由电子两种带电粒子通过扩散破坏P区和N区的电中性，在界面两侧形成一个带异性电荷的不可移动离子层，叫作空间电荷区；又因大多数载流子会扩散、相互消耗，所以也叫耗尽层，在电子信息工程中叫作PN结。

由于正负电荷的存在，PN结出现以后，N区到P区产生的内电场会阻碍多数载流子的扩散，还会将一些P区的自由电子和N区的空穴通过空间电荷区并相互进入。少数载流子在内电场作用下与扩散运动方向相反的规则运动叫作漂移运动。当没有外加电场时，PN结的扩散电流等于漂移电流，没有电流流过PN结时，PN结的宽度不变。

2.PN结单向导电性

如果在PN结上加上不同极性的电压，PN结将显示出不同的导电性：PN结加正向电压是指PN结P端接高电位，N端接低电位，处于导电状态；PN结加反向电压是指PN结P端接低电位，N端接高电位，处于切断状态。这就是PN结的单向导电性。

（二）半导体二极管

半导体二极管（VD）也有单向导电性，VD是二极管的文字符号。

1.二极管的伏安特性

伏安特性是指加在二极管两端的电压U与流过二极管的电流I之间的关系。

当二极管被施加正向电压时，电流和电压之间的关系称为二极管的正向特性。当二极管加的正电压很小（0<U<Uth）时，二极管处的电流为0，此处被称为死区，Uth为死区电压。

当二极管被施加反向电压时，电流和电压之间的关系称为二极管的反向特性。此时的反向电流是小且在很大电压范围内恒定的，被称为二极管的反向饱和电流。

当反向电压值增大到UBR时，反向电压值略有加大，反向电流急剧增大，叫作反向击穿，UBR为反向击穿电压。二极管的反向击穿特性可以用来制作稳压二极管。

2.二极管测试

把红色和黑色的表笔连接到二极管的两个电极上，如果电阻值很小，则黑色表笔连接到的是二极管的正极，红色表笔连接到的是二极管的负极；如果电阻值测量非常大，则黑色表笔连接到的是二极管的负极，红色表笔连接到的是二极管的正极。

性能良好的二极管反向电阻非常大（高于数百千欧），而正向电阻非常小（低于数千欧）。若测得反向电阻和正向电阻很小，或反向电阻和正向电阻很大，则表明二极管发生了短路或断路损坏。

（三）半导体三极管

半导体三极管是将两个PN结与器件结合，两个PN结相互作用，使晶体管成为一个控制电流的半导体元件。三极管在电子电路中有用的原因是它具有放大的功能。

双极晶体管有多种类型：按内部结构可分为NPN型和PNP型；按材料可分为硅管和锗管；按类型可分为平面型和合金型；按工作频率可分为高频管和低频管；按用途可分为普通管、低噪声B管、功率放大管、高频管、开关管和达林顿管；按耗散功率的不同可分为小功率管和大功率管。

（四）场效应管

场效应晶体管（FET）是一种通过输入信号控制输出电流的半导体器件。FET也是一个具有两个PN结的半导体三端器件。场效应晶体管是利用改变电场来控制半导体载流子的运动，而不是用输入电流来控制PN结的电场，这与三极管的原理有明显的区别。而且场效应晶体管也具有很多三极管没有的优点，如轻便、耐用、稳定性强、抗辐射、工艺简单等。

场效应管有两种：结型场效应管和绝缘栅型场效应管。每种场效应晶体管都有三个工作电极：栅极G、源极S和漏极D，同时每种场效应晶体管都有两种导电结构：N沟道和P沟道。

结型场效应管是利用半导体中的电场效应来控制电流的半导体器件。结场效应管有两种结构类型：N沟道JFET和P沟道JFET。与结型场效应晶体管类似，绝缘栅型场效应晶体管同样是利用电场控制载体的工作原理设计的。与结型场效应晶体管不同，绝缘栅型场效应晶体管具有绝缘栅，又由于栅极为金属铝，故又称MOS管。它的栅—源电阻比结型场效应管大很多，由于其比结型场效应管具有更好的温度稳定性和更简单的工艺性，所以在大规模集成电路中得到了广泛的应用。MOS管也有N沟道和P沟道，且都分为增强型和耗尽型，因此，MOS管有N沟道增强型、N沟道耗尽型、P沟道增强型和P沟道耗尽型四种类型。

（五）模拟电子电路的基础应用

1.放大电路

我们经常看到主持人为了使每个与会者都听清楚他的声音，会在场内设置一些扩音器，如话筒、音响等。通过这些扩音器，主持人的声音也非常响亮、清晰。那么，为什么这些器械会放大声音呢？这实际上是利用放大电路的原理。麦克风将人的声音信号转换成电信号，通过放大设备中的放大电路放大后，将输出足够的信号功率，推动扬声器发出响亮的声音。

2.稳压电路

当输入电压不稳定时，仪器设备的使用寿命就会缩短，特别是一些精密仪器零件。为了避免波动过大造成的机械损坏，必须在传输电路中安装稳压电路，保证机械设备有一个稳定的输入源。

3.集成运放应用

在日常学习中，我们经常遇到一些复杂的算术运算，这些运算通过人力可能很难计算，因此我们需要计算器的帮助来解决这些复杂的运算。

如果在电路的输出端加上一个反相器，电路中的三个电阻阻值相等，则输出电压等于输入电压之和；如果输入电压与操作值匹配，则电路执行最基本的加法操作。同理，继承运算放大电路还包括基本的加、减、乘、除和微积分电路，足以完成数学运算的基本应用。

第三章 信号与信息处理技术

第一节 信息及数字信号处理技术

信号与信息处理技术是集信息采集、处理、加工、传播等多学科为一体的现代科学技术，是信息科学的重要组成部分，是当今世界科技发展的重点，也是国家科技发展战略的重点。信号与信息处理学科是一个交叉学科，与通信、控制、计算机等学科紧密关联。信号与信息处理的研究与发展离不开通信、计算机、自动控制等多个领域的发展，同样，信号与信息处理的应用更离不开微电子技术的支撑，也正因为微电子技术的迅猛发展，才使得信号与信息处理的应用从理论成为现实。目前，信号与信息处理技术已广泛应用于信息科学的各个领域：文本、语音、图形/图像、通信、仪器仪表、医疗电子、消费电子、军事与航空航天尖端科技、工业控制与自动化等。

一、信息处理技术

（一）信息处理技术发展史

人类很早就开始了信息的记录、存储和传输。在古代，信息存储的手段非常有限，有些部落通过口耳相授传递部落的信息，有些部落通过结绳记事存储信息。文字的创造、造纸术和印刷术的发明是信息处理的第一次巨大飞跃；电报、电话、电视及其他通信技术的发明和应用是信息传递手段的历史性变革，也是信息处理的第二次巨大飞跃；计算机的出现和普遍使用则是信息处理的第三次巨大飞跃。长期以来，人们一直在追求改善和提高信息处理的技术的过程，大致可划分为以下三个时期。

1.手工处理时期

手工处理时期是用人工方式来收集信息，用书写记录来存储信息，用经验和简单手工运算来处理信息，用携带存储介质来传递信息。信息人员从事简单而烦琐的重复性工作，如果信息不能及时有效地输送给使用者，会导致许多十分重要的信息来不及处理，甚至贻误战机。

2.机械信息处理时期

随着科学技术的发展以及人们对改善信息处理手段的追求，逐步出现了机械式和电动式的处理工具，如算盘、出纳机、手摇计算机等，在一定程度上减轻了计算者的负担。后来又出现了一些较复杂的电动机械装置，可把数据在卡片上穿孔并进行成批处理和自动打印结果。同时，由于电报、电话的广泛应用，极大地改善了信息的传输手段，这次信息传递手段的革命结束了人们单纯依靠烽火和驿站传递信息的历史，大大加快了信息传递的速度。然而，虽然机械式处理比手工处理提高了效率，但没有本质的进步。

3.计算机处理时期

随着计算机系统在处理能力、存储能力、打印能力和通信能力等方面的提高，特别是计算机软件技术的发展，使用计算机越来越方便，加上微电子技术的突破，使微型计算机日益商品化，从而为计算机在管理上的应用创造了极好的物质条件。信息处理时期经历了单项处理、综合处理两个阶段，现在已发展到系统处理的阶段。这样，不仅各种事务的处理达到了自动化，大量人员从烦琐的事务性劳动中解放出来，提高了效率，节省了行政费用，而且由于计算机的高速运算能力，极大地提高了信息的价值，能够及时为管理活动中的预测和决策提供可靠的依据。与此同时，电子计算机和现代通信技术的有效结合，使得信息的处理速度、传递速度得到了惊人的提升，人类处理信息、利用信息的能力达到了空前的高度。今天，人类已经进入了所谓的信息社会。

（二）现代信息技术

到了近代，随着社会经济的发展，不同地域的人与人之间交往活动增加，促进了信息技术的飞速发展。信息是人类的一种宝贵资源，大量、有效地利用信息是社会发展水平的重要标志之一。社会的进步将不断地发展，我们要用更有效的手段来传递信息和处理信息，从而促使人类文明社会更快地向前发展。

19世纪30年代，美国画家莫尔斯发明了电报和莫尔斯电码，电报的发明使信息的传递跨入了电子速度时代；莫尔斯电码是电信史上最早的编码，是电报发明史上的重大突破。1844年，第一条有线实验电报线路正式开通。19世纪后半叶，莫尔斯电报已经获得了广泛的应用。

然而，电报有很大的局限性，它只能传达简单的信息，而且要译码，使用起来很不方便。从19世纪50年代起，就有一批科学家受电报发明的启发，开始了用电传送声音的研究。1876年，美国人贝尔和格雷各自发明了电话。1877年，爱迪生又获得了发明碳粒送话器的专利。1896年，俄国36岁的波波夫和意大利21岁的马可尼分别发明了无线电收报机，人类从此开始了无线电通信时代。1925年，英国的贝尔德进行了世界上首次电视广播试验，虽然图像质量很差，明暗变化不明显，但证实了电视广播的可能性。时隔一年，贝尔德终于成功地发送出了清晰、明暗变化显著的图像，揭开了电视广播的序幕。1936年，英国广播公司正式从伦敦播送电视节目。1941年，彩色电视机诞生。1946年，世界上第一台计算机诞生。随着现代电子技术尤其是微电子技术的发展，计算机越来越普及。现在，计算机已经成为人们最主要的信息处理工具。1957年10月4日，苏联成功发射了人类第一颗人造地球卫星“东方一号”，从此卫星通信开始了。

随着计算机和通信技术的发展与互相渗透，计算机网络逐渐普及起来。20世纪80年代，全球性的计算机网络——Internet逐渐建立起来。Internet使信息的交流不再受时间和空间的限制。与此同时，各种通信网络日渐发达，它们与互联网连接在一起，为我们的生活带来了极大的便利，人类的信息交流也进入了一个崭新的时代。

二、数字信号及其处理

（一）数字信号的特点

1.抗干扰能力强，无噪声积累

在模拟通信中，为了提高信噪比，需要在信号传输过程中及时对衰减的传输信号进行放大，信号在传输过程中不可避免地叠加上的噪声也被同时放大。随着传输距离的增加，噪声累积越来越多，从而导致传输质量严重恶化。

对于数字通信，由于数字信号的幅值为有限个离散值（通常取0和1两个幅值），在传输过程中虽然也受到噪声的干扰，但当信噪比恶化到一定程度时，在适当的距离采用判决再生的方法，再生成没有噪声干扰的、和原发送端一样的数字信号，即可实现长距离、高质量的传输。

2.便于加密处理

信息传输的安全性和保密性越来越重要，数字信号的加密处理比模拟信号容易得多。以语音信号为例，经过数字变换后的信号可用简单的数字逻辑运算进行加密、解密处理。

3.便于存储、处理和交换

数字信号的形式和计算机所用信号一致，都是二进制代码，因此便于与计算机联网，也便于用计算机对数字信号进行存储、处理和交换，可使通信网的管理维护实现自动化、智能化。

4.设备便于集成化、微型化

数字通信采用时分多路复用，不需要体积较大的滤波器。设备中大部分电路是数字电路，可用大规模或超大规模集成电路实现，因此体积小、功耗低。

（二）模拟信号的数字化

当今社会已进入迅猛发展的信息化时代，对信息进行处理的核心设备是计算机，计算机只能识别由二进制0、1组成的数字信号，而现实生活中的信号大多是模拟信号，如电压、电流、声音、图像等，这些信号只有转换成数字信号才能输入计算机进行处理。因而，信息化的前提是实现模拟信号的数字化。把模拟信号转换为数字信号，通常需要采样、量化和编码三个过程。

1.采样

所谓采样，就是每隔一定的时间间隔，抽取信号的一个瞬时幅度值，这就是在时间上将模拟信号离散化。模拟信号不仅在幅度取值上是连续的，而且在时间上也是连续的。要使模拟信号数字化，首先要对时间进行离散化处理，即在时间上用有限个采样点代替无限个连续的坐标位置，这一过程叫作采样。采样后所得到的在时间上离散的样值称为采样序列。

2.量化

采样把模拟信号变成在时间上离散的采样序列，但每个样值的幅度仍然是一个连续的模拟量，因此还必须对其进行离散化处理，将其转换为有限个离散幅度值，最终才能用有限个量化电平来表示其幅值，这种对采样值进行离散化的过程叫作量化，其实质就是实现连续信号幅度离散化处理。

3.编码

采样、量化后的信号变成一串幅度分级的脉冲信号，这串脉冲的包络代表了模拟信号，它本身还不是数字信号，而是一种十进制信号，需要把它转换成数字编码脉冲，这一过程称为编码。最简单的编码方式是二进制编码。

（三）数字信号处理系统

在实际生活中，我们遇到的信号大部分是模拟信号，如声音、图像等，为了利用数字系统来处理模拟信号，必须先将模拟信号转换成数字信号，在数字系统中进行处理后再转换成模拟信号。

抗混叠滤波器：作用是滤除模拟信号中的高频杂波。为解决由高频杂波带来的频率混叠问题，在对模拟信号进行离散化前，需采用低通滤波器滤除高于1/2采样频率的频率成分。

A–D转换器：模–数转换器，将模拟信号变成数字信号，便于数字设备和计算机处理。

D–A转换器：数–模转换器，将数字信号转换为相应的模拟信号。

平滑滤波器：作用是滤除D–A转换电路中产生的毛刺，使信号的波形变得更加平滑。

第二节　文本信息及语音信号处理

一、文本信息处理

随着互联网技术的发展与成熟，使得人们可获得的信息越来越多。面对海量信息，人们已不能简单地依靠人工来处理，需要辅助工具来帮助人们更好地发现、过滤和管理这些信息资源。如何在浩如烟海而又纷繁芜杂的文本信息中掌握最有效的信息，始终是信息处理的一大目标。基于人工智能技术的文本分类，系统能依据文本的语义将大量的文本自动分门别类，从而更好地帮助人们把握文本信息。近年来，文本分类技术已经逐渐与搜索引擎、信息推送、信息过滤等信息处理技术相结合，有效地提高了信息服务的质量。

文本分类是基于文本内容将待定文本划分到一个或多个预先定义的类中的方法。它作为处理和组织大量文本数据的关键技术，可在较大程度上解决信息的杂乱问题，对于信息的高效管理和有效利用都具有极其现实的意义。文本分类问题已成为数据挖掘领域中一个重要的研究方向。目前，文本分类方面的文献也非常丰富，常见于信息检索、机器学习、知识挖掘与发现、模式识别、人工智能、计算机科学与应用等各种国际会议及相关的期刊。

（一）文本分类的整体特征

文本自动分类是分析待定文本的特征，并与已知类别中文本所具有的共同特征进行比较，然后将待定文本划归为特征最接近的一类并赋予相应的分类号。文本分类一般包括文本预处理、文本特征提取、分类算法的选择、分类结果的评价与反馈等过程。

1.文本预处理

任何原始数据在计算机中都必须采用特定的数学模型来表示。目前存在众多的文本表示模型，如布尔模型、向量空间模型、聚类模型、基于知识的模型和概率模型等。其中向量空间模型具有较强的可计算性和可操作性，得到了广泛的应用。经典的向量空间模型是20世纪60年代末提出的，并成功应用于著名的SMART系统，已成为最简便、最高效的文本表示模型之一。

向量空间模型的最大优点在于，它在知识表示方法上的优势。在该模型中，文本的内容被形式化为多维空间中的一个点，并以向量的形式来描述，文本分类、聚类等处理均可以方便地转化为对向量的处理、计算。也正是因为把文本以向量的形式定义到实数域中，才使得模式识别和数据挖掘等领域中的各种成熟的计算方法得以采用，大大提高了自然语言文本的可计算性和可操作性。因此，近年来，向量空间模型被广泛应用在文本挖掘的各个领域。

基于向量空间模型的文本预处理主要由四个步骤来完成：中文分词、去除停用词、文本特征提取和文本表示。

（1）中文分词

中文分词是对中文文本进行分析的第一个步骤，是文本分析的基础。现在的中文分词技术主要有以下几种：基于字符串匹配的分词技术、基于理解的分词技术、基于统计的分词技术和基于多层隐马尔可夫模型的分词技术等。

（2）去除停用词

所谓停用词，是指汉语中常用到的“的”“了”“我们”“怎样”等，这些词在文本中分布较广，出现频率较高，且大部分为虚词、助词、连词等，但这些词对分类的效果影响不大。文本经中文分词之后，得到大量词语，而其中包含了一些频度高但不含语义的词语，如助词，这时可以利用停用词表将其过滤，以便于文本分类的后续操作。

（3）文本特征提取

文本经过中文分词、去除停用词后得到的词语量特别大，由此构造的文本表示维数也非常大，并且不同的词语对文本分类的贡献也是不同的。因此，有必要进行特征项选择以及计算特征项的权重。

（4）文本的表示

文本的表示主要采用向量空间模型。向量空间模型的基本思想是以向量来表示文本：（W_1，W_2，W_3，…，W_n），其中W_i为第i个特征项的权重，特征项一般可以选择字、词或词组。根据实验结果，普遍认为选取词作为特征项要优于字和词组。因此，要将文本表示为向量空间中的一个向量，首先就要将文本分词，由这些词作为向量的维数来表示文本。最初的向量表示完全是0、1的形式，即如果文本中出现了该词，那么文本向量的该维数为1，否则为0。这种方法无法体现这个词在文本中的作用程度，所以逐渐被更精确的词频代替。词频分为绝对词频和相对词频，绝对词频即使用词在文本中出现的频率表示文本，相对词频为归一化的词频，其计算方法主要运用关键词出现的次数（词频）—逆向文件频率（Term Frequency—Inverse Document Frequency，TF-IDF）公式。

2.文本分类算法

训练算法和分类算法是分类系统的核心部分。目前存在多种基于向量空间模型的训练算法和分类算法，主要有K近邻算法、贝叶斯算法、最大平均熵算法、类中心向量最近距离算法、支持向量机算法和神经网络算法等。

简单向量距离分类算法的核心是利用文本与本类中心向量间的相似度判断类的归属，而贝叶斯算法的基本思路是计算文本属于类别的概率。

K近邻算法的基本思路是在给定新文本后，考虑在训练文本集中与该新文本距离最近（最相似）的K篇文本，根据这K篇文本所属的类别判定新文本所属的类别。

支持向量机算法和神经网络算法在文本分类系统中应用得较为广泛。支持向量机算法的基本思想是使用简单的线性分类器划分样本空间，对于在当前特征空间中线性不可分的模式，则使用一个核函数把样本映射到一个高维空间中，使得样本能够线性可分。神经网络算法采用感知算法进行分类。在这种模型中，分类知识被隐式地存储在连接的权值上，使用迭代算法来确定权值向量。当网络输出判别正确时，权值向量保持不变，否则要进行增加或降低的调整，因此也称为奖惩法。

经过文本分类预处理后，训练文本合理向量化，奠定了分类模型的基础。向量化的训练文本与文本分类算法共同构造出了分类模型。在实际的文本分类过程中，主要依靠分类模型完成文本分类。

3.分类结果的评价与反馈

文本分类系统的任务是在给定的分类体系下，根据文本的内容自动地确定文本关联的类别。从数学角度来看，文本分类是一个映射的过程，它将未标明类别的文本（待分类文本）映射到已有的类别中。文本分类的映射规则是系统根据已经掌握的每类若干样本的数据信息，总结出分类的规律性，从而建立判别公式和判别规则，然后在遇到新文本时，根据总结出的判别规则，确定文本相关的类别。

因为文本分类从根本上说是一个映射过程，所以评估文本分类系统的标准是映射的准确程度和映射的速度。映射的速度取决于映射规则的复杂程度，而评估映射准确程度的参照物是通过专家思考判断后对文本进行分类的结果（这里假设人工分类完全正确并且排除个人思维差异的因素），与人工分类结果越相近，分类的准确程度就越高。

（二）文本信息处理的应用领域

人类历史上以语言文字形式记载和流传的知识占总量的80%以上，这些语言被称为自然语言，如汉语、英语、日语等。自然语言处理是指利用计算机为工具对人类特有的书面和口头形式的自然语言的信息进行各种类处理和加工的技术，是人工智能研究的重要内容之一。其主要应用在以下几个研究领域：

机器翻译（Machine Translation）：实现一种语言到另一种语言的自动翻译，常用于文献翻译、网页翻译和辅助浏览等。

自动文摘（Automatic Summarization/Abstracting）：将原文档的主要内容或某方面的信息自动提取出来，并形成原文档的摘要或缩写，主要应用在电子图书管理、情报获取等方面。

信息检索（Information Retrieval）：也称情报检索，利用计算机系统从大量文档中找到符合用户需要的相关信息，如我们非常熟悉的搜索引擎网站百度。

文档分类（Document Categorization）：也叫文本自动分类（Automatic Text Categorization/Classification），利用计算机系统对大量的文档按照一定的分类标准（如根据主题或内容划分等）实现自动归类，主要应用在图书管理、内容管理和信息监控等领域。

信息过滤（Information filtering）：利用计算机系统自动识别和过滤那些满足特定条件的文档信息，主要应用于网络有害信息过滤、信息安全等。

问答系统（Question Answering System）：通过计算机系统对人提出的问题，利用自动推理等手段，在有关知识资源中自动求解答案并做出相应的回答。问答技术有时与语音技术和多模态输入/输出技术，以及人机交互技术等相结合，构成人机对话系统（Man-computer Dialogue System），主要应用在人机对话系统、信息检索等领域。

（三）中文信息处理的研究

中文信息处理可分为字处理平台、词处理平台和句处理平台这三个层次。字处理平台技术是中文信息处理的基础，经过近20年的研究，字处理平台技术已经达到了一个比较成熟的阶段。词处理平台技术是中文信息处理的中间环节，是连接字平台和句平台的关键纽带，因此也是关键环节。句处理平台技术是中文信息处理的高级阶段，它的研究主要包括机器翻译、汉语的人机对话等，这方面的研究虽然已取得了一定的成果，但是目前还处于初级阶段。

字处理平台的研究与开发包括汉字编码输入、汉字识别（手写体联机识别与印刷体脱机识别）、汉字系统及文书处理软件等。

词处理平台上最典型、最引人瞩目的是面向互联网的、文本不受限的中文检索技术，包括通用搜索引擎、文本自动过滤（如对网上不健康内容或对国家安全有危害内容的过滤）、文本自动分类（在数字图书馆中得到广泛应用）及个性化服务软件等。目前，影响比较大的中文通用搜索引擎有雅虎、搜狐、新浪网等，但这些网站只采用了基于字的全文检索技术，或者仅做了简单的分词处理，性能还有待提高。国内研究机构做得比较好的是北京大学的天网，它用了中文分词和词性自动标注技术，但不足之处在于覆盖能力有限。

词处理平台上另一个重要应用是语音识别。单纯依赖语音信号处理手段来大幅度提高识别的准确率，已经很难再大有作为，必须要借助文本的后处理技术。现在最具代表性的产品是IBM公司的简体中文语音输入系统，微软中国研究院也有表现不俗且接近实用的系统。国内在做这方面工作的有清华大学计算机系和电子系、中科院声学所和自动化所等，但从技术走向市场还有一段距离。属于这个处理平台的其他应用还有文本自动校对、汉字简繁体自动转换等。

句处理平台上的重要应用主要有两方面：一是机器翻译，虽然目前机器翻译的质量还远远不能令人满意，但挂靠在互联网上，就找到了合适的舞台，无论对中国人了解世界（英译汉），还是外国人了解中国（汉译英）都大有裨益，潜在的市场十分可观。例如，“金山快译”软件受到市场的欢迎，就是一个有说服力的旁证。此外，雅信诚公司推出的针对专业翻译人员的英汉双向翻译辅助工具CAT，虽然没有采用全自动翻译的策略，但定位及思路都非常好，不失为另一个有前途的发展方向。二是汉语文语转换，即按照汉语的韵律规则，把文本文件转换成语音输出。汉语文语转换系统可用来构成盲人阅读机，让计算机为盲人服务；可用来构成文语校对系统，为报纸杂志的校对人员服务；还可广泛用于机场或车站的固定信息发布等。清华大学和中国科学技术大学都研发出了实用的汉语文语转换系统，达到了国际领先水平。

总体来说，字处理平台的研究已快成明日黄花；句处理平台上的研究还很薄弱，离实用还有一段距离；而词处理平台上的研究难度较句处理平台容易，且经过多年的努力，成果也比较扎实，随着互联网的发展，已经到了厚积薄发的时候。

二、语音信号处理

语音是语言的声学表现形式，是最符合人类自然习惯的一种人际信息传播方式，通过语音传递信息是人类最重要、最有效、最常用和最方便的交换信息的形式。语言是人类特有的功能，声音是人类常用的工具，是相互传递信息的最主要手段，具有最大的信息容量和最高的智能水平。因此，用现代的手段研究语音处理技术，使人们更有效地产生、传输、存储、获取和应用语音信息，对于促进社会发展具有十分重要的意义。

（一）语音信号处理的基础知识

1.语音信号的特性

构成人类语音的是声音，这是一种特殊的声音，是由人讲话所发出的。语音是由一连串的音组成，具有被称为声学特征的物理性质。语音中的各个音的排列由一些规则所控制，对这些规则及其含义的研究属于语言学的范畴，而对语音中音的分类和研究则称为语音学。

语音是人的发音器官发出来的一种声波，和其他各种声音一样，具有声音的物理属性，由音质、音调、音强及音量和声音的长短四种要素组成。

音质（音色）：一种声音区别于其他声音的基本特征。

音调：声音的高低。音调取决于声波的频率，频率快则音调高，频率慢则音调低。

音强及音量：也称响度，是由声波振动幅度决定的。

声音的长短：也称音长，取决于发音持续时间的长短。

语音信号最主要的特性是随时间而变化，是一个非平稳的随机过程。但是，从另一方面看，虽然语音信号具有时变特性，但在一个短时间范围内基本保持不变。这是因为人的肌肉运动有一个惯性，从一个状态到另一个状态的转变是不可能瞬间完成的，而是存在一个时间过程，在没有完成状态转变时，可近似认为它保持不变。只要时间足够短，这个假设是成立的。在一个较短的时间内，语音信号的特征基本保持不变，这是语音信号处理的一个重要出发点，因而我们可以采用平稳过程的分析处理方法来处理语音。

2.语音信号分析的主要方式

根据所分析的参数不同，语音信号分析又可分为时域、频域、倒频域等方法。时域分析具有简单、运算量小、物理意义明确等优点；但更为有效的分析多是围绕频域进行的，因为语音中最重要的感知特性反映在其功率谱中，而相位变化只起很小的作用。傅立叶分析在信号处理中具有十分重要的作用，它是分析线性系统和平稳信号稳态特性的强有力手段，在许多工程和科学领域得到了广泛的应用。这种以复指数函数为基函数的正交变换，理论上很完善，计算上很方便，概念上易于理解。傅立叶分析能使信号的某些特性变得很明显，而在原始信号中这些特性可能没有表现出来或表现得不明显。

然而，语音波是一个非平稳过程，因此适用于周期、瞬变或平稳随机信号的标准傅里叶变换，不能用来直接表示语音信号。前面已提到，我们可以采用平稳过程的分析处理方法来处理语音。对语音处理来说，短时分析的方法是有效的解决途径。短时分析方法应用于傅里叶分析就是短时傅里叶变换，即有限长度的傅里叶变换，相应的频谱称为“短时谱”。语音信号的短时谱分析是以傅里叶变换为核心的，其特征是频谱包络与频谱微细结构以乘积的方式混合在一起，另一方面是可用快速傅里叶变换（Fast Fourier Transformation，FFT）进行高速处理。

3.语音信号处理系统的一般结构

语音信号处理系统首先需要信号的采集，然后才能进行语音信号的处理和分析。

根据采集信号的不同，语言信号可分为模拟信号和数字信号，其处理系统也可分为模拟处理系统和数字处理系统。如果加上模—数转换和数—模转换芯片，模拟处理系统可处理数字信号，数字处理系统也可处理模拟信号。由于数字信号处理和模拟信号处理相比具有许多不可比拟的优越性，大多数情况下都采用数字处理系统，其优越性具体表现在以下四个方面：①数字技术能够完成许多很复杂的信号处理工作。②通过语音进行交换的信息本质上具有离散的性质，因为语音可看作音素的组合，这就特别适合数字处理。③数字系统具有高可靠性、廉价、快速等优点，很容易完成实时处理任务。④数字语音适于在强干扰信道中传输，也易于进行加密传输。因此，数字语音信号处理是语音信息处理的主要方法。

（二）语音信号处理的关键技术

语音信号处理是一门研究用数字信号处理技术和语音学知识对语音信号进行处理的新兴学科，同时又是综合性的多学科领域和涉及面很广的交叉学科，是目前发展最为迅速的信息科学研究领域的核心技术之一。下面重点介绍语音信号数字处理应用技术领域中的语音编码、语音合成、语音识别与语音理解技术。

1.语音编码技术（Speech Coding Technology）

在语音信号数字处理过程中，语音编码技术是至关重要的，直接影响到语音存储、语音合成、语音识别与理解。语音编码是模拟语音信号实现数字化的基本手段。语音信号是一种时变的准周期信号，而经过编码描述以后，语音信号可以作为数字数据来传输、存储或处理，因而具有一般数字信号的优点。语音编码主要有三种方式：波形编码、信源编码（又称声码器）和混合编码，这三种方式都涉及语音的压缩编码技术，通常把编码速率低于64 kbit/s的语音编码方式称为语音压缩编码技术。如何在尽量减少失真的情况下降低语音编码的位数已成为语音压缩编码技术的主要内容。换言之，在相同编码比特率下，如何取得更高质量的恢复语音是较高质量语音编码系统的要求。

2.语音合成技术（Speech Synthesis Technology）

语音合成技术就是所谓的“会说话的机器”。它可分为三类：波形编码合成、参数式合成和规则合成。波形编码合成以语句、短语、词或音节为合成单元，合成单元的语音信号被录取后直接进行数字编码，经数据压缩组成一个合成语音库。重放时根据待输出的信息，在语音库中取出相应的合成单元的波形数据，将它们连接在一起，经解码还原成语音。参数式合成以音节或音素为合成单元。

3.语音识别技术（Speech Recognition Technology）

语音识别又称语音自动识别（Automatic Speech Recognition，ASR），其基于模式匹配的思想，从语音流中抽取声学特征，然后在特征空间完成模式的比较匹配，寻找最接近的词（字）作为识别结果。几十年来，语音识别技术经历了从特定人（Speaker Dependent，SD）中小词汇量的孤立词语和连接词语的语音识别到非特定人（Speaker Independent，SI）大词汇量的自然口语识别的发展历程。尽管如此，语音识别技术要走出实验室、全面融入人们的日常生活还需要一些时间。当使用环境与训练环境有差异时，如在存在背景噪声、信道传输噪声或说话人语速和发音不标准等情况下，识别系统的性能往往会显著下降，无法满足实用的要求。环境噪声、方言和口音、口语识别已经成为目前语音识别中三个主要的新难题。

一个典型语音识别系统由预处理、特征提取、训练和模式匹配四部分构成。

（1）预处理

预处理部分包括语音信号的采样、抗混叠滤波、语音增强、去除声门激励和口唇辐射的影响以及噪声影响等。预处理最重要的步骤是端点检测和语音增强。

（2）特征提取

作用是从语音信号波形中提取一组或几组能够描述语音信号特征的参数，如平均能量、过零数、共振峰、倒谱和线性预测系数等，以便训练和识别。参数的选择直接关系着语音识别系统识别率的高低。

（3）训练

训练是建立模式库的必备过程，词表中每个词对应一个参考模式，由这个词重复发音多遍，再由特征提取或某种训练得到。

（4）模式匹配

模式匹配是整个系统的核心，其作用是按照一定的准则求取待测语言参数和语言信息与模式库中相应模板之间的失真测度，最匹配的就是识别结果。

让机器听懂人类的语言，是人类长期以来梦寐以求的事情。伴随着计算机技术的发展，语音识别已成为信息产业领域的标志性技术，在人机交互应用中逐渐进入我们的日常生活，并迅速发展成“改变未来人类生活方式”的关键技术之一。语音识别技术以语音信号为研究对象，是语音信号处理的一个重要研究方向，其终极目标是实现人与机器进行自然语言通信。

4.语音理解技术（Language Understanding Technology）

语音理解又称自然语音理解（Natural Language Understanding，NLU），其目的是实现人机智能化信息交换，构成通畅的人机语音通信。目前，语音理解技术开始使用计算机，丢掉了键盘和鼠标，人们对语音理解的研究重点正拓展到特定应用领域的自然语音理解上。一些基于口语识别、语音合成和机器翻译的专用性系统开始出现，如信息发布系统、语音应答系统、会议同声翻译系统和多语种口语互译系统等，正受到各方面越来越多的关注。这些系统可以按照人类的自然语音指令完成有关的任务，提供必要的信息服务，实现交互式语音反馈。

（三）语音信号处理技术的发展趋势

语音信号处理技术是计算机智能接口与人机交互的重要手段之一。从目前和整个信息社会发展趋势看，语音技术有很多的应用。语音技术包括语音识别、说话人的鉴别和确认、语种的鉴别和确认、关键词检测和确认、语音合成、语音编码等，但其中最具有挑战性和应用前景的是语音识别技术。

1.语音识别技术的发展趋势

首先，说话人识别技术已经在安全加密、银行信息电话查询服务等方面得到了很好的应用，在公安机关破案和法庭取证方面也发挥了重要的作用。其次，语音识别技术在一些领域中正成为一个关键的具有竞争力的技术。例如，在声控应用中，计算机可以识别输入的语音内容，并根据内容来执行相应的动作，这包括声控电话转换、声控语音拨号系统、声控智能玩具、信息网络查询、家庭服务、宾馆服务、旅行社服务系统、医疗服务、股票服务和工业控制等。在电话与通信系统中，智能语音接口正在把电话机从一个单纯的服务工具变成一个服务的“提供者”和生活“伙伴”。使用电话与通信网络，人们可以通过语音命令方便地从远端的数据库系统中查询与提取有关的信息。随着计算机的小型化，键盘已经成为移动平台的一个很大的障碍。想象一下，如果手机只有一个手表那么大小，再用键盘进行拨号操作已经是不可能的，而借助语音命令就可以方便灵活地控制计算机的各种操作。再者，语音信号处理还可用于自动口语分析，如声控打字机等。

随着计算机和大规模集成电路技术的发展，这些复杂的语音识别系统已经完全可以制成专用芯片，进行大批量生产。在经济发达国家，大量的语音识别产品已经进入市场和服务领域。一些用户交互机、电话机、手机已经包含了语音识别拨号功能，还有语音记事本、语音智能玩具等产品也包含了语音识别与语音合成功能。人们可以通过电话网络，用语音识别口语对话系统查询有关的机票、旅游、银行等相关信息，并且取得很好的效果。

2.语音合成技术的发展趋势

就语音合成而言，它已经在许多方面取得了实际的应用并发挥了很大的社会作用，如公交汽车上的自动报站、各种场合的自动报时、自动报警、手机查询服务和各种文本校对中的语音提示等。在电信声讯服务的智能电话查询系统中，采用语音合成技术可以弥补以往通过电话进行静态查询的不足，满足海量数据和动态查询的需求，如股票、售后服务、车站查询等信息；也可用于基于微型机的办公、教学、娱乐等智能多媒体软件，如语言学习、教学软件、语音玩具、语音书籍等；也可与语音识别技术和机器翻译技术结合，实现语音翻译等。

3.语音编码技术的发展趋势

对于语音编码而言，语音压缩编码作为语音信号处理的一个分支，从目前的研究状况来看，它的未来发展主要表现在如下几个方面：

研究简化算法。在现有编码算法中，处理效果较好的很多，但都是以算法复杂、速度低、性能降低为代价。在不降低现有算法性能的前提下，尽量简化算法、提高运算速度、增强算法的实用性，将是未来一段时间的研究课题。

成熟算法的硬件实现将是研究重点。随着大规模集成电路工艺的飞速发展，人们已经可以在单一硅片上方便地设计出含有几百万个晶体管的电路，信息处理速度可达到几千万次/秒的乘、加操作，这是未来通信发展迫切需要的。

随着计算机技术的发展和硬件环境的不断改善，语音压缩技术将不单单运用现有的几种技术，而将不断开拓和运用新理论、新手段，如将神经网络引入语音压缩的矢量量化中，将子波交换理论应用到语音特征参数的提取（如基音提取等）中。由于神经网络理论和子波交换理论比较新，几乎是刚刚起步，所以它们的前景还比较难预料，但就其在语音压缩编码方面的应用而言，将有很大的潜力。

语音性能评价手段将是研究的主要内容之一。随着各种算法的不断出现和完善，性能评价方法的研究日益显得落后。研究性能评价方法远比研究出一两种算法更为重要，所以许多研究者致力于语音性能的评价方法的研究。目前，这方面的研究成果没有大的突破，特别是4 kbit/s以下语音编码质量的客观评价还有待人们不断地努力。

研究语音的感知特性是未来很长一段时间内的基础研究工作之一。为了建立较理想的语音模型且不损失语音中的信息，在研究中必须考虑人的听觉特性，诸如人耳的升沉、失真和掩蔽现象等。

总之，语音压缩编码的研究，在性能上将朝着高性能、低复杂度、实用化的方向发展，而理论上将朝着多元化、高层次化的方向发展。

第四章　智慧城市与“电子信息+”战略

第一节　智慧城市知识体系规划

一、智慧城市

智慧城市并非纯技术的领域，它与“绿色园林城市”“健康生态城市”一样，是城市发展方向的一种描述，是信息、网络技术渗透城市生活每个领域的具体表现。“智慧城市”是对城市管理和运行体制的一次大变革，为认识物质城市打开了新的视野，并提供了全新的城市规划、建设和管理的调控手段，从而为城市可持续发展和调控管理提供了有力的工具。此外，智慧城市还将更好地体现出现代城市“信息集散地”的功能，这意味着城市功能全面实现信息化，促进城市居住环境的改善和健康发展。在这一背景下，涌现出了“智慧城市”相关的多种概念，需要我们从不同的角度去理解智慧城市，同时结合城市的历史与现实情况对智慧城市的内涵进行深入分析。

科学技术的发展推动着城市形态的改变，网格与传感器网络等突破性技术推动着信息城市由数字城市向更高级的阶段演化。数字城市中关键的数据获取能力被传感器网络极大扩展。以遥感为代表的大范围数据获取与传统的统计方式获取是目前数据获取的主要途径。虽然遥感技术获取的精度与能力不断提升，但这是一种单向获取，与被观测者没有交互。另外，受气候、天气、地理条件等影响，不能实时和全时段处理运行。同时，收集数据后处理也是较难突破的技术障碍。统计方式的数据获取优势是历史数据比较与静态数据的数据汇总等，而传感器网络的主要优势是动态控制和反馈与数据获取的实时性，所以可形成新的信息基础设施，系统动态加载和实时反馈的控制将被实现。在此情况下，根据人工生命的概念，未来的信息城市将具有自适应与自组织的智慧性。

信息网络的核心在于建立信息服务的基础设备及环境，实现无缝连接。数字城市中的计算和资源被网络这种虚拟操作系统进行虚拟的组织和协同，从而扩展了数字城市的服务与决策支持能力，有效满足自底向上、自组织和并行的人工生命的特征，推动未来智慧性的信息城市的发展。随着传感器网络的发展，传感器网络将成为未来城市的神经末梢，与无线互联网、移动通信网络一样是具有重要地位的基础设施，从而解决智慧城市中实时数据获取和传输等问题，组成实时的控制系统，加上网格对传感器网络分析管理，将物理空间和数字空间相联系，形成具有数据收集、分析、决策、反馈的控制系统。随着世界物联网、新一代移动通信网络、互联网、大数据、云计算等多项信息技术发展与应用，城市更高阶的智能化已是大势所趋。

21世纪初，智慧地球被IBM提出。观点是全球的基础结构通过互联网平台逐步具备可感应、可度量的智慧，并将智能技术应用到生活的各个方面，如智慧的医疗、智慧的交通、智慧的电力、智慧的食品、智慧的货币、智慧的零售业、智慧的基础设施甚至智慧的城市，这使地球变得越来越智能化。在智慧地球的愿景中，勾勒出世界智慧运转之道的三个重要维度：第一，我们需要也能够更透彻地感应和度量世界的本质和变化；第二，我们的世界正在更加全面地互联互通；第三，在此基础上所有的事物、流程、运行方式都具有更深入的智能化，我们也能够获得更智能的洞察。当这些智慧之道更普遍、更广泛地应用到人、自然系统、社会体系、商业系统和各种组织甚至城市和国家中时，智慧地球就将成为现实。这种应用将会带来新的节省和效率，但同样重要的是，提供了新的进步机会。智慧地球在向“更智慧”发展时，需要关注四个关键问题：第一，面对无数个信息孤岛式的爆炸性数据增长，需要获得新锐的智能和洞察，利用众多来源提供丰富的实时信息，以做出更明智的决策；第二，需要开发和设计新的业务和流程需求，实现在灵活和动态流程支持下的聪明的运营和运作，达到全新的生活和工作方式；第三，需要建立一种可以降低成本，具有智能化和安全特性，并能够与当前的业务环境同样灵活动态的基础设施；第四，需要采取行动解决能源、环境和可持续发展的问题，提高效率，提升竞争力。智慧地球通过新一代信息技术提高实时数据处理能力及感应和反馈速度，增强物物之间的联系，改变人类交流方式，推动全球全面和谐发展。智慧地球作为一种美好的愿景，从更人性化的角度来审视今天的IT行业，促使我们更人文地关怀每一个人，以及人与自然的和谐相处。随着全球一体化、世界城镇化与服务型经济的快速发展，政治、经济、文化等方面被城市控制。“智慧地球”逐步整体定位城市的运营和交通、资源、通信等核心基础设施；通过信息通信技术对城市环境、公用事业、城市服务、公民和产业发展进行智慧感知与数据分析，满足政府在市场监管、经济调节、社会管理和公共服务等进行精确分析从而及时调控的需求，推动城市变得更加“智慧”与繁荣。因此，IBM抛出智慧城市新概念。智慧地球需由智慧城市开始，作为智慧地球建立的核心与突破点，从而落实到具体城市的途径。

IBM发布的《智慧的城市在中国》中提出，智慧城市是通过通信技术，使区域内的环境、城市服务、公共事业、产业发展中智慧地感知、分析数据，从而更好地使地方政府应对在市场监管、经济调节、社会管理和公共服务等职能中的需求，创造更好的生活环境，促使公众更加关注每一个人的所有活动，让技术更具“生命感”。《智慧的城市在中国》中，智慧城市的四个特点为：第一，城市公共设施通过智能传感设备物联成网，实时感测城市运行；第二，建立互联网与“物联网”的无缝连接和融合，通过数据整合形成城市系统的运行总图，从而建成智慧城市的基础设施；第三，鼓励个人与组织在智慧基础设施之上开发新的科技和业务，推动城市可持续发展；第四，利用智慧的基础设施推动城市内的参与者和系统高效和谐协作，形成最佳的城市运行模式。IBM提出构建“智慧城市”，是为了推动信息技术向城市方向深入发展。利用新一代信息技术，有机整合、协调系统的管理城市各个功能的运行；通过提供优质服务与无限创新，极大地改善城市居民生活的品质。智慧城市的构建需要从以下三个方面着手：“更透彻的感知”——利用智能设备收集感测数据，有效地感知监测全部城市运行和生活；“更全面的互通”——利用网络和感知工具的连接，收集的数据被整合分析，形成全面的城市运行数字化影像，从而更好地管理城市与居民生活；“更深入的智能”——大量数据获取后，利用传感器、数据分析工具、先进的移动终端等，政府等机构通过实时分析城市中的所有信息及时做出决策并采取相关措施。现代城市的构成由人、商业、交通、运输、资源、能源等核心系统组成。

智慧城市作为一个便捷、灵活、安全、具有合作力、具有吸引力和生活高质量的区域，可以及时知晓突发事件且适当、合理地应对；可以“一站式”提供公共服务；可以监控并有效地预防犯罪，同时开展相关调查；可以推动建立更具吸引力的生活和商业环境；可以整合政府资源和其他团体之间的协作；可以让市民享受到高效的公共服务、健康幸福的生活。同时，华为将智慧城市在广义上定位为城市信息化：利用多媒体的信息网络、地理信息系统等公共基础设施，将城市内各项信息资源进行整合，建立具有电子商务、电子政务等信息化区域，实现城市信息化。智慧城市将人的沟通延伸到机器之间的通信；“通信网+互联网+物联网”作为智慧城市中的基础，不断叠加城市的信息应用。

所谓“智慧”并不只是一个隐喻的说法，而是实实在在的现象，根据实时获取的信息，进行分析，做出决策。为此，智慧的三大要素是透彻的感测、全面的共享互通、深入的智能化服务。目前，对于智慧城市还没有公认的定义。简单地说，智慧城市就是让城市更聪明，就是运用信息和通信技术手段感测、分析、整合城市运行核心系统的各项关键信息，从而对包括民生、环保、公共安全、城市服务、工商业活动在内的各种需求做出智能响应。其实质是利用先进的信息技术，实现城市智慧式管理和运行，进而为城市中的人创造更美好的生活，促进城市的和谐、可持续成长。智慧城市，从狭义上说，是使用各种先进的信息技术手段改变城市，让城市的生活更加方便快捷；广义上说，是优化整合各种社会资源，让城市建筑更加美观，居民生活更加舒适，更人性化全面发展的城市。所以，智慧城市就是以智慧的理念方式来规划、建设、管理、发展城市，从而提高城市空间的可达性，使城市可持续健康发展。当然，智慧城市与数字城市是不同的。数字城市强调的是网上城市的“数字”空间，它与现实的物理空间相分离，这也是数字城市的弊端；而智慧城市通过物联网将“数字空间”与“物理空间”相融合。所以，智慧城市和数字城市是有着密切联系的。智慧城市是数字城市的进一步发展、延伸和升华。智慧城市的核心是在科学的发展观下，建立人与社会、人与自然和谐发展的新模式。宏观上，智慧城市的建设可分为城市管理创新模式、信息化建设两个方向。城市管理智慧体现在以科学发展观为观点，围绕国民经济与社会发展的总体规划，来解决教育均等化、合理调配教育资源、医疗水平提升、就医方便快捷、产业结构升级、社会就业等问题。智慧城市是发展城市的新思维。它将城市的管理和运营看作一个智慧生命体，而不是若干功能的叠加，是一个系统，其中的人、能源、交通、通信、商业、资源不再被分开考虑，而是相互联系、彼此影响的有机体。只是由于目前科技发展的不足，这些领域之间的关系尚未打通。未来，借助新一代物联网、云计算、决策分析等科技，通过感测、互联、智能的方式，将城市中的基础设施、信息系统连接起来，使其成为新的智慧化整体，使城市中各领域、各子系统之间的关系显化，形成实时反应、协调运作、指挥决策的“系统之系统”。

简而言之，智慧城市=新一代信息技术＋以人为本的智慧化城市管理。

二、知识体系框架

智慧城市由数字虚拟城市与实体城市相映射、相连接而组成。智慧城市的数字虚拟城市架构由应用层、网络层和感知层组成。其中，感知层以传感器、RDID等技术为代表，为智慧城市的高效运行提供信息采集的基础输入。网络层以宽带、IPv6技术为代表，为智慧城市提供互联基础和高速传输通道。应用层以云计算、GIS和虚拟现实技术为代表，为智慧城市提供数据和信息资源的处理、分析和挖掘手段，以及城市管理、信息共享、决策支援等服务支撑。智慧城市整体形成以云计算和物联网技术为核心，融合无线通信、宽带通信、IT支撑等基础设施的闭环技术体系。

三、感知层技术

感知层的关键技术主要包括条码和RFID、传感器、GPS、智能终端等智能感知和采集技术，通过近距离无线传输等技术，以自动或人工的方式，对城市居民和企业活动及城市实体基础设施和城市公共服务应用平台等城市运行核心系统的各项关键信息进行广泛而全面的获取。

四、网络层技术

网络层是连接智慧城市感知层与应用层的中间环节，提供感知层信息的泛在接入和高速传输通道，主要包括宽带互联网（骨干网、城域网、光网宽带、无线宽带）、移动通信网、未来网络（IPv6、泛在网）和三网融合等技术组成，形成以“宽带、无线、泛在、融合”为特征的智慧一体化网络，实现更高的宽带速度、更便捷的接入方式、更深入的融合程度，同时支持城市要素中“人—机—物”之间全面的信息联通与共享。

五、应用层技术

应用层是智慧城市建设与运营的核心环节，关键技术包括SOA、中间件、虚拟化、云计算、智能识别和处理、数据库、地理位置信息服务等应用层技术，通过基于云计算的智慧处理平台，整合并创新应用先进科技，满足智慧城市对于海量数据的计算和存储要求，实现敏捷智能响应城市生活需求。

第二节　智慧城市建设体系规划

一、智慧城市建设原则

①以民为本。智慧城市的建设必须坚持以人为本。②需求导向、注重实用。围绕经济效益和社会效益，以城市发展需求为导向。③可持续发展。城市功能与城市管理服务的水平同步良性提升发展。④政府主导，各界协同、市场运作。⑤既切实可行，又具科学性与前瞻性。⑥边建设边收益。基础设施先行，再优先建设可快速取得经济和社会效益的项目。

二、智慧城市建设目标

智慧城市建设的基础目标是通过基础设施、应用器件、服务配套这一有机系统的建设和运行，促进人的智慧参与，构建效率、通畅、舒适、便捷、安全、和谐的环境。

智慧城市的愿景就是利用技术来改造和完善城市，帮助城市达成以下目标：更好地理解和控制城市运营；有效地平衡社会、商业和环境发展需求；优化现有的可用资源，为市民、游客和各行各业创建最佳的生态环境，提供更加可靠和优质的城市服务，并使得市民及游客获取服务的过程更加便捷。各城市根据自己的定位和特点，对上述目标的理解和侧重点将会有所不同。智慧城市建设可从以下具体目标入手。

（一）以城市经济、商业发展为建设目标

建造基础设施和服务，支撑城市经济可持续增长；增加资金资本、人力资本和智力资本投入，吸引城市发展产业领域的优质企业入驻。通过对业务需求、技能、本地人口和人口分布的变化进行预测及适应来实现保留高层次人才的能力。

（二）以城市的可持续发展为建设目标

降低能耗和水资源消耗以及降低二氧化碳排放；改进城市规划设计、建筑物的架构和建造原则，提高土地利用率；能源和水资源管理信息化，提高环境质量。

（三）以人民健康和城市安全为建设目标

通过医疗网络、疾病管理和预防、社会服务、食品安全、公共安全和个人信息隐私等领域的创新，解决居民和游客的健康、安全问题。

（四）以提升城市管理水平为建设目标

努力提高城市服务的质量和效率，实现各个政府层次的透明度和问责制；提供聆听、理解及响应市民和企业需求的途径；重视提供城市服务信息和访问的便利性和易用性，从而满足市民的需求。

（五）以交通自由的城市为建设目标

建立有效便捷的交通运输系统，使各种形式的运输（如公路、航空、铁路和公交）变得便宜且便捷；提高城市交通管理的智能化水平，主动识别和管理拥堵情况，使城市更加有秩序和通畅。

（六）以提高市民生活质量为建设目标

为市民、游客和各行各业创建最佳的城市居住环境，提供更加可靠和优质的城市服务，并使得市民及游客获取服务的过程更加便捷。

三、智慧城市建设导向

（一）统筹规划、政府主导

智慧城市建设需要由政府主导、引导，企业以及社会各界共同参与，应成立专门的组织协调机构，领导、管理和监督智慧城市的建设工作。必须做好统筹规划，制定中长期发展目标，确定不同阶段的任务和重点，对资金筹措、技术支持、工程施工等具体工作制定详细的方案和规范。

政府主导是智慧城市建设的基本原则，一方面要对智慧城市建设具有深刻的认识，要从城市可持续发展的角度认识到智慧城市既是时代发展的要求，也是城市发展的必然趋势；另一方面，政府有关部门应从转变政府职能、提高行政效率入手，加快数字化政府建设步伐，以政府信息化带动企业信息化，从而促进经济与社会的智慧化。

（二）需求导向、注重实用

建设智慧城市必须牢牢把握“需求导向、注重实用”的原则。“需求导向”就是要从城市经济与社会发展的实际出发，认真研究智慧城市建设的具体应用领域，必须克服只以形象展示为主要目的的信息化建设项目，也应避免某些政府主管部门的“长官意志”，形成不必要的盲目投资。“注重实用”就是要高度重视智慧城市建设的实际效果，要讲究实效，能够解决城市发展中的实际问题，坚决不能搞劳民伤财的“花架子工程”。

（三）以民为本、服务经济

智慧城市建设应牢牢坚持面向人民生活、面向经济建设的发展思想，真正体现“以民为本、服务经济”的原则。“以民为本”要求政府部门自觉树立“执政为民”“全心全意为人民服务”的观念，从人民群众的需要与愿望出发，充分利用数字化技术为人民服务，满足人民工作、学习、生活、娱乐等各个层面的需求，以解决人民的现实问题为最终目标。衡量智慧城市建设合格与否的唯一标准应该是“群众是否舒心满意”。

“服务经济”原则要求在智慧城市建设过程中把调整和优化城市产业结构、促进城市经济发展紧密结合起来，把智慧城市建设作为提升城市经济竞争力的重要契机，切切实实地把“以信息化带动工业化”落到实处，加快传统产业的信息化改造，增强城市经济发展的后发优势。

（四）统一标准、联合共建

各个地方的智慧城市规划常常由不同的政府部门协同实施，这必然存在着标准的不一致。因此，建设的第一步应该是确立好相应的标准。智慧城市标准的制定应尽可能避免所谓的“地方特色”，否则又会回到计划经济时期使用“地方粮票”的老路上去，对城市发展和国家的信息化建设都不利。

“联合建设”原则就是要求在智慧城市建设中克服各自为政、封闭建设的做法，应将多方力量聚集起来，充分利用，实现资源合理优化配置，联合共建，最终达到缩短工程周期、提升工程质量的理想效果。

（五）互通有无、资源分享

在智慧城市建设中一定要坚持“互通有无、资源分享”的原则，避免通常在信息化工程中存在的两大问题——“信息封闭”“资源封锁”，使政府的各种信息资源为社会各界所共享。“互通有无、资源分享”是我们在进行智慧城市建设中必须遵循的准则，它能够使我们的城市更进一步实现对外开放，同时能够促进城市经济的发展进步。

四、智慧城市建设的方法与步骤

（一）建设智慧公共服务和城市管理系统

通过加强就业、医疗、文化、安居等专业性应用系统建设，提升城市建设和管理的规范化、精准化和智能化水平，有效促进城市公共资源在全市范围共享，积极推动城市人流、物流、信息流、资金流的协调高效运行。在提升城市运行效率和公共服务水平的同时，推动城市发展转型升级。

（二）采用视觉采集和识别、各类传感器等技术构建智能视觉物联网

对城市综合体的要素进行智能感知、自动数据采集，将采集的数据可视化和

规范化，为管理者提供可视化城市综合体管理服务。

（三）开展智慧社区安居的调研试点工作

以部分居民小区为先行试点区域，充分考虑公共区、商务区、居住区的不同需求，融合应用物联网、互联网、移动通信等各种信息技术，发展社区政务、智慧家居系统、智慧楼宇管理、智慧社区服务、社区远程监控、安全管理、智慧商务办公等智慧应用系统，使居民生活智能化。

（四）积极推进智慧教育文化体系建设

建设完善城市教育城域网和校园网工程，推动智慧教育事业发展，重点建设教育综合信息网、网络学校、数字化课件、教学资源库、虚拟图书馆、教学综合管理系统、远程教育系统等资源共享数据库及共享应用平台系统。继续推进再教育工程，提供多渠道的教育培训就业服务，建设学习型社会。继续深化“文化共享”工程建设，积极推进先进网络文化的发展，加快新闻出版、广播影视、电子娱乐等行业信息化步伐，加强信息资源整合，完善公共文化信息服务体系。构建旅游公共信息服务平台，提供更加便捷的旅游服务，提升旅游文化品牌。

（五）重点推进“数字卫生”系统建设

建立卫生服务网络和城市社区卫生服务体系，构建以城市区域化卫生信息管理为核心的信息平台，促进各医疗卫生单位信息系统之间的沟通和交互。以医院管理和电子病历为重点，建立城市居民电子健康档案；以实现医院服务网络化为重点，推进远程挂号、电子收费、数字远程医疗服务、图文体检诊断系统等智慧医疗系统建设，提升医疗和健康服务水平。

（六）建设“数字交通”工程

通过监控、监测、交通流量分布优化等技术，完善公安、城管、公路等监控体系和信息网络系统，建立以交通诱导、应急指挥、智能出行、出租车和公交车管理等系统为重点的、统一的智能化城市交通综合管理和服务系统。

五、智慧城市建设体系总体规划

根据城市相关发展规划，结合社会结构、产业结构、经济结构等特点，遵循整体规划、分步实施的原则进行智慧城市建设体系总体规划。

（一）智慧城市总体设计

按照“2个中心+N个智慧”应用模式来构建智慧城市的建设。

2个中心：智慧城市云服务中心和城市运行管理中心。

云服务中心：提供智慧应用支撑云服务，以及大数据处理和服务。

城市运行管理中心：负责部门、业务的协调处理，面向公众的综合服务。

N个应用：主要包括智慧基础设施、智慧政务应用、智慧民生应用、智慧产业四大领域中能快速取得经济效益和社会效益的重点项目。

（二）建设的主要任务

以政府主导、市场运作方式，在基础设施、管理服务、生态宜居、产业发展等方向进行相关智慧城市项目的建设。

1.资源共享

利用智慧城市云服务中心将城市内各信息资源进行共享与采集，同时为相关领域提供基础服务支撑和数据支撑。

2.服务民生

通过各领域资源和业务的整合，以城市资源为基础，以人为核心，围绕便民服务，有针对性地为人民群众提供贴心服务，为产业和经济提供指导，为政府相关部门提供决策支撑。

3.可持续发展

智慧城市云服务中心采用大数据技术，将城市各方面的信息数据日积月聚，形成一个全面、庞大、精准的城市发展数据库，为城市发展提供决策辅助，为城市规划提供精准指导，为城市产业和经济发展提供明确指引，从而使整个城市健康、可持续发展。

（三）重点项目规划

按照总体设计，优先发展尽快能取得经济效益和社会效益的项目。在边收益边发展的原则下，结合城市实际发展需求和发展目标，重点建设以下项目。

1.智慧基础设施

（1）云计算、大数据中心

建设云中心。依据先满足自我，再提供外部服务的原则，采用高性能价优的设备，以及先进的云平台和大数据平台来建设为整个城市提供IAAS、SAAS服务及数据服务的城市云数据中心。城市云数据中心是智慧城市公共的硬件设施中心、公共的软件资源中心、公共的信息资源中心、商业信息资源服务中心、产业信息资源服务中心。城市云平台和大数据平台的建成可以实现城市软硬件和以四大基础数据库为核心的信息资源的集中存储和优化应用。

云计算具有设备动态扩展、资源根据实际需求智能调优的特点，因此在构建城市云中心时，可以根据首期建设重点项目的实际需求来投资相关硬件资源。随着业务的增加，逐步扩展，从而降低成本，提高效率。

（2）城市基础地理信息资源

城市基础地理信息资源是整个智慧城市建设和规划的基础资源，其主要涉及整个地区的基础地图、城市三维地图、城市部件、管线资源、城市部件等地理信息资源，在此基础上可根据业务构建不同的业务应用地图。

（3）城市无线网络

以“光纤+光桥设备”为主干线，无线AP为各分支节点的思路，形成天地一体的宽带数字信息网，为城市的各项应用系统提供高效先进的网络和通信基础，以实现在全市范围内的网络无缝覆盖，保证无线高速上网。针对城市行政办公、文化教育、工业园区、商业网点和市政基础设施铺设无线网络，为未来拓展多种应用提供底层支持，支撑公共安全、应急联动、智能交通、公共服务、商务旅游、生活学习等全方位信息化应用。

2.智慧政务应用

（1）信息资源协同平台

市级政府通过数据框架、数据标准和流程规范的建设，搭建协同中心平台。区域其他部门基于市级共享平台，结合自身特点和需求进行二次开发和部署。

法人数据、空间地理数据和宏观经济运行数据的权威生产管理部门，建设四大基础数据库。通过平台实现数据管理、数据交换管理、数据基本应用等功能，使各应用系统与数据共享交换平台相连。通过数据共享交换平台来实现路由、数据交换和共享，为各业务系统的有效协同提供支撑，同时保证各应用系统的相互独立性和低耦合性，从整体上提高系统运作效率和安全性；为城市各类部门应用协同奠定数据基础，并实现与市级平台之间的规定数据交换。

（2）政务协同办公平台

在原有办公自动化系统基础上，进一步拓展功能，在公文管理、信息发布等基本功能外，进行个人办公、档案管理、会议管理、邮件管理和辅助办公等功能开发，实现无纸化、移动化、协同化办公。

（3）基于城市地下管线的规划管理平台

以市级统一的GIS支撑平台为基础，建立地下管线综合管理系统。一方面，实现对给水管线、污水管线、雨水管线、燃气管线、热力管线、路灯管线、交警信号管线、通信管线和电力管线9大管网数据的统一展示和管理；另一方面，实现与供水供电等地下管网管理部门之间的信息资源交换与共享，为规划建设工作提供跨部门、跨行业的管网信息在线网络服务。

（4）社会信用综合管理平台

社会信用综合管理平台的重要属性包括公共性和基础性。公共性，即依法采集、整合企业的基本信用信息后，提供给政府及整个社会。基础性，即该平台能够实现的服务是信用服务产业链的基础，并可以与类似的征信服务平台共存与联合服务。

平台建设的方法是通过对市域内各地方、政府各部门、各类组织及个人的各类信用相关数据进行采集，通过相应的交换管理与数据转换，将市域内各政府部门征集的信息与各类组织、企业、个人自报及网络搜索到的信用信息进行整合并实现实时跟踪和更新，通过汇总各个共建单位的信用数据，并对数据进行比对整合、汇总生成区域内各类组织和个人社会信用综合数据库，之后进一步生成信用报告。

3.智慧民生应用

（1）智慧社区

以人为本，以云计算、大数据服务为支撑，通过整合资源，实现社区管理信息化、智能化，社区居民生活便利化、服务社会化。

社区管理：主要围绕社区居民管理为出发点，以面向人的全生命周期和面向服务项目为核心，通过构建社区管理平台实现社区居民档案、居民健康档案、人群管理、婚姻生育、养老管理、物业管理、社区安防等，利用互联网智能盒子等前端信息采集设备提供社区安防的服务。

社区服务：以社区管理数据为基础，结合政务延伸，集成现有民政、医疗等公共服务资源，利用互联网开展多维度的服务，其社区服务主要包括居家养老、紧急救助、医疗服务、通知公告等。

便民服务：以社区便利店为基础，通过构建社区O2O电商平台实现生鲜、日常用品、周边各种服务资源、旅游、缴费等线上线下资源的深度整合，以移动客户端、智能销售终端等为居民提供全方位的综合便利服务。

（2）城市共同配送服务体系

以现有配送龙头企业优势资源为基础，整合社会配送服务资源，搭建相关的服务标准化及诚信体系，促进城市物流配送产业升级，降低配送成本，增加政府在城市配送过程中的参与、决策、监管和服务功能，为城市配送工作的开展建立基础平台。

以云计算、大数据为基础，形成资源及效益的再优化，为制造商、平台（垂直电商）、承运商（快运快递、第三方物流）、个人消费者等打造电商与物流快递业务协同和物流快递管理信息化平台。

从电子商务与物流快递协同发展的业务服务目标来分析，信息服务平台的主要业务可分为：信息与业务整合、统一资源的管理服务、统一服务提供、行业信息发布、标准规范的执行等。

4.智慧产业应用

（1）电子商务公共服务平台

以城市优势资源和商贸产业园区为基础，打造具有区域特色的电商平台。

电子商务公共服务平台以电商生态环境为核心，着重打造基于产业的B2B2C平台，打造基于本地服务资源的生活O2O服务平台。

（2）中小企业转型升级服务平台

目前我国正处于全力推动经济转型、加快产业升级的关键时期，作为中国社会和经济发展的重要力量的中小企业，虽然发展迅速，但仍然面临着重重困难。通过构建中小企业转型升级服务平台，从政策、企业管理、技术发展、上下游供应、金融等方面提供综合服务。

（3）互联网产业创业孵化基地公共服务平台

近年来，城市不断进行产业结构调整与升级，随着民营经济发展步伐迅速加快，经济发展主体的多元化需求不断增加，一批企业家主体（包括企业中层管理、营销、科技人员）、外出务工经商人员、在校大学生和毕业生、农村致富带头人的创业热情不断高涨，设立综合创业孵化与实训基地的各项要素已经完全具备。但是创业初期团队或企业均面临着资金短缺、资源缺乏、产业层次低、无固定办公场所、风控能力低等问题。

为解决创业中存在的热点难点问题，通过政府引导、市场运作、政策支持等措施，建立综合创业孵化与实训基地，为广大创业者开辟一片“试验田”，引导广大创业者走合法、优质、高效的创业道路，储备一批成长性中小企业，培育一批规模创新企业，为智慧城市的建设提供持续不断的创新技术和人才，为城市经济发展提供后续动力。

（四）必要保障要素

1.以做好顶层设计引领建设

智慧城市建设是全局性的、长远性的，只有从全局出发做好顶层设计，才能整合整个城市资源，使智慧城市建设贴近本城市的发展需要。有些城市的管理者认为智慧城市建设主要是信息产业部门的事，这就导致建设方案存在天生的局限性，与智慧城市建设的全局性形成反差。在智慧城市建设过程中，政府部门既要看到眼前的建设需要，又要看到长远的建设要求；既要尊重政府各部门的意见，又要清楚城市百姓对智慧城市建设的长远期望。除了要依靠已有的建设经验外，还要认真学习信息技术带来的新思想、新内容，以及其他国家和地区的建设经验。据统计，信息化可以解决城市发展过程中25%的问题，而余下的75%则需要通过顶层设计解决。智慧城市是政府在城市管理理念和模式上的长期持续的系统改革，只有做好顶层设计，才能切实推进。

2.从立足城市本质找准定位

智慧城市建设要回归到城市本身，从城市建设角度看智慧，而不是从智慧角度看城市。智慧城市是指把感应器嵌入城市的各种事物中，并且被普遍连接，形成物联网然后将物联网与现有的互联网整合起来，为城市提供更便捷、更高效、更灵活的公共管理的创新服务模式，实现人类社会与物理系统的整合。

物联网把真实世界虚拟成数字世界，使人们可以“坐观天下”。但是，仅有数据的整理和信息技术应用不是智慧城市建设的全部，物联网也只是为智慧城市建设奠定了基础，物理上的建设代替不了科学治理，更何况智慧城市建设的根本是城市建设，而不是信息技术建设。因此，智慧城市的本质是城市，只有立足于城市这个本质才能找准定位，才能真正实现建设智慧城市的目标。

3.用建设数据平台打破信息孤岛

智慧城市建设需要高水平的信息化系统平台、高质量的社会保障设施、较全面的信息收集系统。没有统一整合的智慧城市管理平台，智慧城市建设只能是分立的行业智慧孤岛。

4.借调整政绩观解放思想

智慧城市建设过程中，政府部门需要进一步提高思想认识，改革干部选拔任用、干部考核方面存在的不足。

5.以融合数据资源促进智慧决策

智慧城市建设要将处在不同部门、不同行业、不同系统、不同数据格式之间的海量数据进行融合和共享，深度挖掘数据资源，充分应用大数据等相关技术，形成支撑城市智慧决策的数据源。因此，智慧城市建设的基础除了硬件建设外，更重要的是数据资源建设，没有数据就没有构架在数据整合开发基础上的智慧决策。

6.以重视信息安全降低风险

海量信息数据的搜集存储是智慧城市建设的必须，同时也让信息数据处于安全风险之中。智慧城市建设中信息流将成为城市运转的“血液”，没有安全的数据就没有智慧城市建设的顺利发展，只有数据安全有保障，才能使智慧城市管理成为可能。

7.以新兴信息技术支撑城市发展

大数据、云计算、移动互联网、物联网这些新一代信息技术，正在智慧城市建设中发挥越来越重要的作用，而如何运用好这些新技术，开发出满足城市运行发展需求的应用和产品，成为打造特色智慧城市的关键因素。

第三节 “电子信息+”智慧城市

一、“电子信息+”战略的内涵与外延

电子信息是一种以电子的产生、运动和作用为物理特征，以信号、电路和场为技术特征，实现信息的获取、传输、存储、处理和显示的综合技术。“电子信息+”代表着一种新的经济形态，指的是依托电子信息技术实现电子信息行业与传统产业的融合，以优化生产要素、更新业务体系、重构商业模式等途径来完成经济转型和升级。它强调的不仅仅是电子信息技术，而是整个电子信息行业与传统产业的融合，是通过预测电子信息技术的发展趋势结合对国家的发展意义总结出来的。“电子信息+”战略的目的在于充分发挥电子信息的优势，将电子信息与传统产业深入融合，以产业升级提升经济生产力，促进我国早日实现“两个一百年”的奋斗目标。“电子信息+”概念的中心词是电子信息，它是“电子信息+”战略的出发点。“电子信息+”战略的内涵为“+”代表了联合与互通、交叉与融合，这阐明了“电子信息+”战略的适用维度是电子信息和传统产业的融合，通过电子信息领域的先进技术与传统产业的融合，用电子信息技术改革传统行业，实现“电子行业”向“行业电子”的演变，实现不同产业间的协同跨越发展。同时，“电子信息+”还是产业发展方向的有力引导。电子信息技术是信息革命的核心，是世界经济发展的重要因素，其发展趋势将是未来国家乃至世界社会经济发展的一条重要脉络。因此，“电子信息+”代表了产业发展的方向和路径，对产业的发展预测具有极为显著的科学性和前瞻性。

二、“电子信息+”应用

（一）无线通信技术应用

无线通信主要包括微波通信和卫星通信。无线通信技术已深入人们生活和工作的各个方面，这些技术将在建设智慧城市、提升城市智能化管理方面凸显出无可比拟的优势和发展潜力。

1.无线通信技术类型

（1）蓝牙技术

蓝牙是一种支持设备短距离通信（一般10m内）的无线电技术，它能在包括移动电话、PDA、无线耳机、笔记本电脑、相关外设等众多设备之间进行无线信息交换。利用蓝牙技术，既能够有效地简化移动通信终端设备之间的通信，也能够成功地简化设备与因特网之间的通信，从而使数据传输变得更加迅速高效。蓝牙采用分散式网络结构以及快跳频和短包技术，支持点对点、点对多点通信，工作在全球通用的2.4GHz ISM（即工业、科学、医学）频段。其数据速率为1Mbps，采用时分双工传输方案实现全双工传输。

（2）Wi-Fi技术

Wi-Fi（Wireless Fidelity）是一种网络传输标准，与蓝牙技术一样，它同属于短距离无线技术。Wi-Fi是一种允许电子设备连接到一个无线局域网（WLAN）的技术，通常使用2.4G UHF或5G SHF ISM射频频段，能够在数百米范围内支持互联网接入的无线电信号。它的最大特点就是方便人们随时随地接入互联网。

（3）3G技术

3G是第三代移动通信技术，是指支持高速数据传输的蜂窝移动通信技术。3G服务能够同时传送声音及数据信息，速率一般在几百kbps以上。3G是指将无线通信与国际互联网等多媒体通信结合的新一代移动通信系统。

（4）LTE

LTE是第三代通信技术的演进，但LTE并不是大多数人所理解的4G，而是3G和4G技术之间的过渡。LTE技术改善了小区边缘用户的性能，网络延时时间大幅度减少，提升了小区的容量，同时还降低了系统的延迟性。与3G技术相较而言，LTE的优点主要体现在数据传送速度提升、分组传送、网络延迟时间大大缩减、覆盖面积广以及向下兼容。

（5）4G技术

4G技术又称IMT-Advanced技术。4G核心技术主要包括：正交频分复用（OFDM）技术、软件无线电、智能天线技术、多输入多输出（MIMO）技术、基于IP的核心网。

（6）卫星通信技术

卫星通信技术（Satellite Communication Technology）是一种利用人造地球卫星作为中继站来转发无线电波而进行的两个或多个地球站之间的通信。卫星通信具有覆盖范围广、通信容量大、传输质量好、组网方便迅速、便于实现全球无缝链接等众多优点，被认为是建立全球个人通信必不可少的一种重要手段。与其他通信手段相比，卫星通信具有许多优点：一是电波覆盖面积大，通信距离远，可实现多址通信；二是传输频带宽，通信容量大；三是通信稳定性好，质量高。

（7）5G无线新技术

第五代移动通信技术（5th Generation Mobile Communication Technology，简称5G）是具有高速率、低时延和大连接特点的新一代宽带移动通信技术。5G通信设施是实现人机物互联的网络基础设施。

国际电信联盟（ITU）定义了5G的三大类应用场景，即增强移动宽带（eMBB）、超高可靠低时延通信（uRLLC）和海量机器类通信（mMTC）。增强移动宽带（eMBB）主要面向移动互联网流量爆炸式增长，为移动互联网用户提供更加极致的应用体验；超高可靠低时延通信（uRLLC）主要面向工业控制、远程医疗、自动驾驶等对时延和可靠性具有极高要求的垂直行业应用需求；海量机器类通信（mMTC）主要面向智慧城市、智能家居、环境监测等以传感和数据采集为目标的应用需求。

为满足5G多样化的应用场景需求，5G的关键性能指标更加多元化。ITU定义了5G八大关键性能指标，其中高速率、低时延、大连接成为5G最突出的特征，用户体验速率达1Gbps，时延低至1ms，用户连接能力达100万连接/平方公里。

2023年2月，中国电信、中国移动、中国联通相继披露最新运营数据。数据显示，截至1月末，三大运营商5G套餐用户总数累计超过11亿。

2.无线通信技术在智慧城市建设中的应用

无线通信技术是当前信息产业中发展最快、竞争最激烈、创新最活跃的领域。无线通信技术极大地拓宽了信息传播的范围，拓展了信息交流的渠道，通过广覆盖、高便捷的信息流，带动和支配人流、物流、资金流的高效运行，大幅降低了传统产业营销、渠道等环节成本，显著提高了生产效率，加速了城市经济、社会发展全球化进程。

在智慧城市建设方面，无线通信技术广泛应用于行政、医疗、交通、教育、就业、社区服务等社会领域，智能交通、智慧医疗、政务微博等一系列无线通信技术创新应用极大地提升了社会公共服务水平，改善了民众参与体验，促进了社会服务模式“以人为本”持续变革升级。

（二）物联网技术应用

智慧城市中的人与人、人与物、物与物之间的联系本质上就是基于建设一个互联互通的通信系统，这也是发达国家和地区争先发展智慧城市的先决条件和实际基础。这个通信系统包括各种通信技术基础，其中最为重要的便是物联网技术。

物联网是继计算机、互联网之后的又一新的信息科学技术。目前，世界主要国家已将物联网列为抢占新一轮经济科技发展制高点的重大战略，我国也将物联网从战略性新兴产业上升为国家发展重点。物联网技术的进步，以及智能电表、家庭网关、智能电器等智慧设备的开发，均为物联网在智慧城市市场的发展创造了机会。目前，全球已有超过200多个智慧/智能城市项目，为物联网销售商、服务供货商、平台供货商以及咨询公司等提供了巨大的商机。物联网技术已经成为实现智慧城市的关键因素与基石。

（三）云计算技术应用

云计算是一种基于网络的支持异构设施和资源流转的服务供给模型，侧重于信息的处理与存储，通过平台进行数据整合，实现协同工作。云计算可以实现资源的按需分配、按量计费，达到按需索取的目标，最终促进资源规模化，促使分工的专业化，从而有利于降低单位资源成本，促进网络业务创新。

智慧城市是以多应用、多行业、复杂系统组成的综合体。多个应用系统之间存在信息共享、交互的需求。不同的应用系统需要共同抽取数据综合计算和呈现综合结果。如此众多繁复的系统需要多个强大的信息处理中心进行各种信息的

处理。

要从根本上支撑庞大系统的安全运行，需要考虑基于云计算的网络架构，建设智慧城市云计算数据中心。在满足上述需求的同时，云计算数据中心具备传统数据中心、单应用系统建设无法比拟的优势、随需应变的动态伸缩能力及极高的性能投资比。

关于智慧城市中云计算与物联网的相关应用实践在之后章节还有具体介绍，这里不再赘述。

（四）大数据技术应用

大数据指无法在一定时间内用常规的数据库管理工具对其进行抓取、管理和处理的大量而复杂的数据集合。大数据技术描述了一种新一代技术架构，可以用很经济的方式，通过高速的捕获、发现和分析技术，从各种超大规模的数据中挖掘价值。其中，数据挖掘是指从大量的、不完全的、有噪声的、模糊的、随机的实际应用数据中，挖掘出隐含的、未知的、对决策有潜在价值的知识和规则的过程。一般分为两类数据挖掘，即描述型数据挖掘和预测型数据挖掘。描述型数据挖掘包括数据总结、聚类及关联分析等；预测型数据挖掘则包括分类、回归及时间序列分析等，其目的是通过对数据的统计、分析、综合、归纳和推理，揭示事件间的相互关系，预测未来的发展趋势，为决策者提供依据。

1.大数据关键技术

（1）关键技术分类

大数据采集技术：通过ETL抽取、文件适配器、网络抓取、实时数据采集等多种技术从外部数据源导入结构化数据（关系库记录）、半结构化数据（日志、邮件等）、非结构化数据（文件、视频、音频、网络数据流等）及实时数据。

数据存储技术：针对全数据类型和多样计算需求，以海量规模存储、快速查询读取为特征，存储来自外部数据源的各类数据，支撑数据处理层的高级应用。

数据处理技术：对多样化的大数据进行加工、处理、分析、挖掘，生产新的业务价值，发现业务发展方向，提供业务决策依据。

数据可视化技术：数据的视觉表现技术旨在借助图形化手段，清晰有效地传达和沟通信息。

数据安全技术：解决在大数据环境下的数据采集、存储、分析、应用等过程中产生的诸如身份验证、授权过程和输入验证等大量安全问题。由于在数据分析、挖掘过程中涉及企业的核心商业数据，防止数据泄露、控制访问权限等安全措施在大数据应用中就尤为关键。

系统运维技术：全面监测大数据处理全过程中各参与方的整体状态，支持大数据应用功能的配置化定义，可快速扩展应用功能。

（2）关键技术介绍

Hadoop是分布式的系统基础架构，它的产生实现了分布式文件系统（HDFS）。HDFS具备高容错性，可部署在价格低廉的硬件上，提供高吞吐量访问数据等特点。HDFS可通过流的形式对文件系统中的各类数据进行访问，在一定程度上放宽了POSIX的限制。MapReduce和HDFS是Hadoop框架的两大核心设计，它们分别为海量数据提供计算和存储。其优点集中表现在用户无须了解分布式底层的细节，也能通过集群的高速存储和计算进行分布式程序的开发。

NoSQL数据库指的是非关系型的数据库。互联网Web 2.0网站时代，传统关系型数据库已不能满足超大规模、高并发度的SNS类型的动态网站的需求，甚至已经无法满足Web 2.0网站的基本需求，由此导致可以处理超大量数据的非关系型数据库的兴起。

2.大数据的特征

大数据来源多：传感器、社交网络、金融交易等产生大量的结构化、半结构化和非结构化数据。

大数据变化快：只有高效的数据处理才能获得应有的价值。以电子商务为例，需要根据交易情况的实时分析结果来指导补货、调价等，分析结果不能做到快速处理，就无法达到决策支撑的目的。

大数据的价值化：随着信息化程度的不断提高，数据存储量的不断增加，数据正成为一种新型资产，成为提升竞争力的关键点。

大数据的海量、多样性和动态变化的特征对传统数据处理技术提出了严峻的挑战。大数据技术是一系列信息技术的集合，从数据的生命周期看，涉及数据采集、存储管理、计算处理、数据分析和知识展现五个方面。

（1）大数据带来的技术挑战

对数据采集技术的挑战：①如何按照特定策略自动实时地过滤接收到的海量数据，丢弃无效信息，从而大幅度降低后续存储和处理的压力；②如何自动生成元数据，准确描述数据出处、获得途径和环境等背景信息。

对数据存储管理技术的挑战：①量的扩展，存储系统需要以低成本的方式及时按需扩展存储空间；②存储面向非结构化数据，要求具备数据格式上的可扩展性。

对计算处理技术的挑战：因为海量数据处理要消耗大量的计算资源，这就要求解决以合理的成本实时和自适应地处理各类数据的问题。

对数据分析技术的挑战：传统数据挖掘侧重得到概率分布结果，而对非结构化数据分析，仅得到概率分布是难以满足要求的，需要发展预测性数据挖掘技术，需要从大数据中获得新知识而不仅是统计规律。

对知识展现技术的挑战：因为大数据的分析系统要求提供数据来源、分析过程、查询机制等一系列信息，并以可视化的方式呈现出来，所以要求以更直观、更互动的方式充分展示分析结果。

（2）低成本、实时性和可扩展性

在大数据采集技术方面：①未来的发展方向主要包括适用于存储持续产生数据的新的数据存储技术、I/O系统和体系架构；面向大数据的数据流化、数据过滤、数据压缩技术；②自动对数据进行注释、增加语义和上下文信息的新方法（机器和人可读）。

在数据存储与管理方面：大数据对数据库技术提出了新的要求，包括极高的并发读写速度、海量数据的高效率存储和访问、高可扩展性和高可用性等。这就要发展面向结构化、半结构化和非结构化数据集的高效归档、查询、获取、恢复工具。此外，为确保未来能够对持久保存的数据进一步挖掘，还应发展可对数据的产生和修改进行追踪的技术，以及增强数据质量、有效性、完整性的方法。

在大规模计算技术方面：①基于MapReduce的开源Hadoop平台已经成为业界大数据并行计算的主要平台，并被互联网企业广泛使用；②面对源源不断地流入系统的实时数据，需要以极低的时延进行处理，这就需要采用流式计算模式，如Yahoo的S4系统、Twitter的Storm系统等。

在数据分析技术方面：①需要突破数据提取技术（自然语言处理），以便从大量现存非结构化数据中提取丰富信息；②面向大数据的数据挖掘技术，包括异常检测、趋势分析、假设生成和自动发现等；③实现自动化建模的机器学习、自动推理等技术。

目前，大数据分析应用已经渗透社会生活的各个方面，从城市交通到空气质量，从建筑设计到影视制作，大数据都将扮演着重要角色。例如，加州电网系统运营中心采用Space-Time Insight的软件对3500万电力用户进行智能管理，能够综合分析包括天气、传感器、计量设备等各种数据源的海量数据，从而有效平衡全网的电力供应和需求，并对潜在危机做出快速响应。佛罗里达州迈阿密戴德县与IBM的智慧城市项目合作，将35种关键县政工作和迈阿密市紧密联系起来，帮助政府在制定治理水资源、减少交通拥堵和提升公共安全方面的决策时获得更好的信息支撑，为戴德县带来多方面的收益，如公园管理部门因及时发现和修复跑冒滴漏的水管而节省了100万美元的水费。

3.智慧城市与大数据的关系

（1）智慧城市产生大数据

智慧城市中的数据资源有如下特点：

第一，数据来源多样化。智慧城市的数据来自各行业系统和城市基础库，涵盖智能交通、智能医疗、智能楼宇、智能电网、智能农业、智能安防、智能环保、智慧旅游、智慧教育、智能税务等大数据资源。

第二，数据类型多样化。智慧城市中的数据多是互联网、传感设备、视频监控、移动设备、智能设备、非传统IT设备等渠道产生的海量结构化或非结构化数据。

第三，数据规模海量化。智慧城市的数据资源体量巨大，但有价值的信息密度低，需要进行深度整合和分析。

（2）大数据是智慧城市的核心要素

智慧城市建设需要大数据做支撑。实时、全面、系统的数据采集和实施是智慧城市的基础，从食品安全溯源系统到智能社区的管理和安防，从汽车导航、电子警察到交通调度和售票系统，各个行业的智慧化都要依赖于数据采集、统一调度和分析挖掘。智慧城市的管理也从传统的“经验治理”向“科学治理”转变。智慧城市的本质是数据的智慧处理，对大数据进行收集、存储、分类、重组分析、再利用等一系列的智能化处理后，将其结果作为决策者的参考。

4.大数据在智慧城市中的应用

（1）智慧经济方面——大数据为营销、管理等提供决策支持

随着计算机的普及和互联网的发展，足不出户的消费方式逐渐成为主流。在

商业上，可以分析用户的购物行为、如何搭配商品、品牌的市场状况、消费者行为情况、如何将适合的营销信息推送给消费者等，并据此做出经营决策。无纸化付费也成为时尚潮流，通过分析用户信用卡的消费记录，可以得出该消费者的个人信用评分，从而推断出客户支付意向与支付能力，发现潜在的欺诈。另外，利用大数据分析还能够实现对库存量的合理管理，可以依据求职网站岗位数量推断就业率等。只要通过网络进行的活动，都涉及数据的存储，通过对大数据的分析与运用均能为决策提供参考。

（2）智慧运输方面——大数据缓解了交通及物流方面的问题

大数据下的智慧交通，主要是指融合传感器、监控视频和GPS等设备产生的海量数据，为用户提供最佳的出行方式、路线等。同时，通过对以往大数据的分析，可以设计合适的旅游线路。在交通管理上，通过研究实时交通数据，可以有效缓解交通堵塞，并快速应对突发状况，为交通良好运转提供依据。

传统物流由于信息化程度不高，物流信息系统不够完善等问题，经常出现物品丢失、损坏等现象，对企业产生了一定的损失及影响。通过对大数据分析，可以知道如何改变部署，还可以实现节能，降低行业成本；同时，通过实现数据的整合，能更好地进行集装箱运输能力的预测。

（3）智慧环境方面——大数据支持预测并能快速响应灾害

随着物联网的发展，大数据将遍布城市的各个角落，大数据的价值也将进一步被挖掘出来。利用大数据对大量实时和历史数据的挖掘、评测与关联性分析，深度获取相关环境数据，可以帮助环保部门准确判断环境变化趋势。另外，利用大数据对环保事件的预警、态势分析、联动和应急指挥、决策辅助、环境变迁的关联性规律等的分析，为完善环境法律、环保行业检测规程与环保发展战略的规划等提供了充分的科学依据。

（4）智慧生活方面——大数据实现居民衣食住行智能化

大数据应用遍布居民生活的方方面面，促进了生活的智能化。例如，在医疗方面，现在很多医院依托大数据分析技术加快了医院信息化平台的建设和应用，使用网上自助挂号、自助就诊、自助取药、自助缴费等措施，简化了患者的就诊流程，减少了排队等待的时间，为群众提供了安全、有效、方便、价廉的医疗卫生服务。

（5）智慧管理方面——大数据支撑并推动城市的管理

大数据是智慧城市的智慧之源，使数据共享成为可能。大数据的价值源源不断地推动智慧城市向更加智慧、更加科学、更加高效的目标迈进。例如，在政府管理层面，有了数据库作为支撑，可以实现高效的互联互通，极大地提高政府各部门之间的协同办公能力，提高了为民办事的效率，降低了政府管理成本，最重要的是为政府决策提供了有力的支撑。

（五）新能源技术应用

新能源技术是高技术的支柱，包括核能技术、太阳能技术、燃煤技术、磁流体发电技术、地热能技术、海洋能技术等。其中，核能技术与太阳能技术是新能源技术的主要标志。

1.新能源技术简介

（1）核能技术

核能是人类最具希望的未来能源之一。核能是地球上储量最丰富的能源，又是高度浓集的能源。开发核能的途径有两条：一是重元素的裂变，如铀的裂变；二是轻元素的聚变，如氘、氚、锂等。重元素的裂变技术，已得到实际性的应用；而轻元素聚变技术，正在积极研究之中。

（2）太阳能技术

太阳能是由太阳内部氢原子发生氢氦聚变释放出巨大核能而产生的，来自太阳的辐射能力。

太阳能的应用主要有三大技术领域：光热转换、光电转换和光化转换。此外，还有储能技术。

太阳光化学转换包括光合作用、光电化学作用、光敏化学作用及光分解反应。目前，该技术领域尚处在实验研究阶段。

太阳光电转换主要是各种规格类型的太阳电池板和供电系统。太阳电池的应用范围很广，如人造卫星、无人气象站、通信站、电视中继站、太阳钟、电围杆、黑光灯、航标灯、铁路信号灯等。

太阳光热转换是指通过反射、吸收或其他方式把太阳辐射能集中起来，转换成足够高温度的过程，以有效地满足不同负载的要求。

（3）地热能技术

地热能大部分是来自地球深处的可再生性热能。它起于地球的熔融岩浆和放射性物质的衰变。还有一小部分能量来自太阳，大约占总地热能的5%，表面地热能大部分来自太阳。

在我国的地热资源开发中，经过多年的技术积累，地热发电效益显著提升。除地热发电外，直接利用地热水进行建筑供暖、发展温室农业和温泉旅游等途径也得到较快发展。

（4）海洋能技术

海洋能指蕴藏于海水中的各种可再生能源，包括潮汐能、波浪能、海流能、海水温差能、海水盐度差能等。这些能源都具有可再生性和不污染环境等优点，是一项亟待开发利用的具有战略意义的新能源。

海洋能的利用是指利用一定的方法、设备把各种海洋能转换成电能或其他可利用形式的能。

2.能源技术与未来城市发展

低碳经济是实现城市可持续发展的必由之路，也是当前智慧城市建设的首要遵循原则。低碳城市，就是在城市实行低碳经济，包括低碳生产和低碳消费，建立资源节约型、环境友好型社会，建设一个良性的可持续的能源生态体系。低碳经济必然要求人类的能源生产方式发生改变。要提高能源转化使用效率和应用绿色能源，其核心是能源技术创新。

3.能源技术在智慧城市建设中的应用

太阳能技术是解决未来城市能源问题最重要的突破口，太阳能的规模化应用能有效减少化石能源的消耗和温室气体排放，未来的智慧城市是太阳能的城市。例如，北京奥运会期间，比赛场地及其相关场所90%使用太阳能照明。通过太阳能屋顶或幕墙利用光伏组件收集太阳能，产生电能后向住户供电。也可与公共电网相连接，组成并网光伏系统。因有太阳能、公共电网同时给负载供电，既充分利用了光伏系统所发的电能，又增强了供电的可靠性，同时，建筑本身消耗不完的电量也可反馈给电网，起到调峰作用。

风能也在新型智慧城市中具有重要作用。过去素有“煤电之城”美誉的阜新市正在打造百万千瓦风电城，年发电量可达到36亿千瓦时，每年可节约110多万吨标准煤，减少二氧化硫、二氧化碳等有害气体排放4万多千克，减少废渣排放5

万多千克。

生物能源也为城市的发展建设提供了新助力，利用生物技术发酵处理城市生活垃圾。建造大规模沼气工厂，可为城市供热和提供燃气。回收地沟油等厨房垃圾，生产生物柴油，可用于车辆驱动和工业生产。

（六）新材料技术应用

新材料指新近发展或已在发展中具有比传统材料更为优异性能的一类材料，具有知识与技术密度高、与新工艺和新技术关系密切、更新换代快以及品种式样变化多等特点。新材料技术则是按照人的意志，通过物理研究、材料设计、材料加工、试验评价等一系列过程，创造出能满足各种需要的新型材料的技术。新材料技术的发展对于国家工业、农业、社会以及国防和其他高新技术产业的发展均具有重要的支撑作用。

1.最具潜力的新材料

（1）泡沫金属

泡沫金属是指含有泡沫气孔的特种金属材料。因结构独特，泡沫金属拥有密度小、隔热性能好、隔音性能好以及能够吸收电磁波等一系列优点，是随着人类科技逐步发展起来的一类新型材料。它具有导电性，可替代无机非金属材料不能导电的应用领域，在隔音降噪领域具有巨大潜力。

（2）3D打印材料

3D打印是一种以数字模型文件为基础，运用粉末状金属或塑料等可黏合材料，通过逐层打印的方式来构造物体的技术。它改变了传统工业的加工方法，可快速实现结构成型等，在复杂结构成型和快速加工成型领域有很大的应用前景。

（3）离子液体

离子液体是指全部由离子组成的液体，如高温下的KCL、KOH呈液体状态，此时它们就是离子液体。离子液体具有高热稳定性、宽液态温度范围、可调酸碱性、极性、配位能力等特点。

（4）超材料

一般认为，超材料是具有天然材料所不具备的超常物理性质的人工复合结构或复合材料。迄今发展出的超材料包括左手材料、光子晶体、超磁性材料等。超材料具有常规材料不具有的物理特性，如负磁导率、负介电常数等，主要用于制造微波隐形衣、二维隐形衣和具有奇特光学性质的材料。超材料改变了传统的根据材料的性质进行加工的理念，未来可根据需要来设计材料的特性，应用潜力无限。

（5）超导材料

超导材料是指具有在一定的低温条件下呈现出电阻等于零以及排斥磁力线性质的材料。超导材料并非罕见，我们生活中的很多材料，如铝、钙、硫、磷等都具有超导特性。只是要实现超导性就必须达到临界温度、超高压等极端条件。未来如可突破高温超导技术，则有望解决电力传输损耗、电子器件发热，以及绿色新型传输磁悬技术等难题。

（6）非晶合金

非晶合金指的是内部原子排列不存在长程有序的金属和合金，通常也称为玻璃态合金或金属玻璃。这种非晶合金具有许多独特的性能，由于它的性能优异、工艺简单，从20世纪80年代开始成为国内外的研究重点。它的一个非常具有前景的应用领域为非晶变压器的制备。

（7）石墨烯

新材料中，石墨烯是目前发现的最薄、最坚硬、导电导热性能最强的一种新型纳米材料，被称为黑金。它具有十分良好的强度、柔韧、导电、导热、光学特性，因而在物理学、材料学、电子信息、计算机、航空航天等诸多领域都得到了长足发展。

2.新材料在智慧城市建设中的应用

（1）新材料的应用原则

以有效节省成本为基础。新材料的使用是为社会经济发展服务的，因此在各个领域推广和使用新材料时，必须将经济成本作为重要的参考因素。只有可以有效节约成本、提高使用效率、降低资源浪费与损耗的新材料，才适合应用和推广。有些新材料虽然很有价值，但因投放或使用领域的不合适，不能发挥其最大效用，实则是一种浪费。因此，在各个领域使用新材料时，需要与各个领域的特性相结合。只有实现了应用领域与新材料二者特性的吻合，才能最大限度地发挥其价值，起到节约包括原料、人力、物资等一系列成本的作用。

以提升社会效率为前提。在各个领域采用适宜的新材料，是对原有使用材料的突破与变革，能够提升社会生产效率，促进生产发展。

以满足人类需求为原则。人类的需求一直在随着社会的进步而变得多样化、复杂化，停留在传统材料基础上的社会生产力已逐渐不能满足新的需求。就整体环境而言，资源相对从前更加匮乏，想要从材料数量上突破以满足人类不断增长的需求是不现实的，而新材料的运用则能从质量上突破瓶颈，促进经济发展。因而，只有通过新材料的推广应用、新途径的开发，才能不断适应人类发展需求。

（2）新材料在智慧城市建设各个领域的应用情况

新材料在建筑领域的应用。建筑材料是一切建筑工程项目的物质保障，新材料的应用可以有效地保证建筑工程的质量、安全和可靠性。新材料在建筑行业中的推广应用与可持续发展的需求是契合的，因而从某种意义上新材料的发展代表了建筑行业的整体发展方向和水平。当前，我国在建筑行业普遍应用的新材料主要有木塑复合材料、纳米复合涂料、常温固化纳米自洁玻璃、高分子材料等。这些新材料的应用，已经基本涉及建筑过程的所有环节。随着科技的进步和人们意识的增强，在建筑领域推行具有环保、高效、节能的新材料取代耗能大、污染严重、材料质重等传统材料已是大势所趋。

新材料在消防等安全领域的应用。随着高层建筑、地下建筑、大型商场等的大量出现，各种安全隐患也随之增大。安全器材亟须不断完善，以消防尤为显著。利用新材料研发制作的具有特殊性能的消防产品为提高消防技术提供了支撑，如形状记忆合金、纳米材料、复合材料等新材料在消防设备中的应用。因此，新技术和新材料不断在消防领域更新应用。

总而言之，随着社会的进步，为不断促进人们生活水平的提高、提高社会经济效益、提升工作效率、节省各类成本，各个领域将会自驱性地根据行业特点，有选择性地促进新材料在智慧城市建设的各个领域中的广泛应用。

第五章　智慧城市中云计算与物联网的应用实践

第一节　云计算概述

图灵奖得主，美国计算机科学家、认知科学家麦卡锡提出“计算迟早有一天会变成一种公用基础设施”的设想。计算技术、网络等信息技术的高速发展，尤其是近年出现的云计算（Cloud Computing）技术和理念，将麦卡锡的设想变为现实。作为一种新兴的信息服务模式，云计算已经深入各个行业，并带来了巨大的效益。事实上，云计算已经深入普通人生活的方方面面，不管我们是否意识到，我们都已经离不开云计算了。

一、云计算的产生

在传统模式下，企业建立一套信息服务系统不仅需要购买硬件等基础设施，还要购买软件的许可证，并需要专门人员维护，而当企业的规模扩大时，又要继续升级各种软硬件设施以满足需求。对于企业来说，计算机硬件和软件本身只是他们完成工作、提高效率的工具而已，无须独占拥有。对个人来说，使用计算机需要安装许多软件，但有些软件并不经常使用，常常处于闲置状态，对用户来说这显然是浪费。能不能有这样一种服务或平台，给我们提供可以动态租用的软硬件资源？云计算正是为满足这种需求而诞生的。

云计算的想法可以追溯到20世纪60年代，麦卡锡曾经提出“计算迟早有一天会变成一种公用基础设施”这一设想，即计算能力可以像煤气、水电一样，取用方便、费用低廉。云计算最大的不同在于，它提供的服务和资源是通过Internet进行传输的。从最根本的意义来说，云计算就是数据、应用和服务均存储在云服务器端，充分利用云数据中心（Cloud Data Centre）所拥有的规模庞大的服务器集群（Cluster）的强大计算能力和海量存储资源，实现用户业务系统的自适应性部署和高效运行。2007年10月，IBM和Google宣布在云计算领域合作，在Google一系列云计算技术论文发表后，云计算吸引了众多人的关注，并迅速成为产业界和学术界研究的热点。

21世纪初，Web 2.0的流行让网络迎来了新的发展高峰。网络服务系统所需要处理的业务量快速增长。例如，在线视频或照片共享、社交网络平台需要为用户储存和处理大量的数据。这类系统所面临的重要问题是，如何在用户及服务数量快速增长的情况下快速扩展原有系统。随着移动终端的智能化和移动宽带网络的普及，越来越多的移动终端设备进入Internet，这意味着与移动终端相关的信息系统会承受更多的负载，而对于提供数据服务的企业来讲，其信息系统需要处理更多的业务量。由于资源的有限性，其电力成本、空间成本、各种设施的维护成本快速上升，直接导致数据中心的成本上升，这就使得我们面临着如何有效地利用资源处理更多任务的问题。同时，处理器芯片和存储设备在性能增强的同时，价格也变得更加低廉，拥有大规模服务器集群的数据中心也具备了快速为大量用户处理复杂问题的能力。

由于分布式计算（Distributed Computing）技术日益成熟并广泛应用，特别是随着网络计算（Network Computing）的发展可以通过Internet把分散在各处的硬件、软件、信息资源连接成一个巨大的整体，使得人们能够利用地理上分散于各处的资源，完成大规模、复杂的计算和数据处理任务。数据存储的快速发展催生了以谷歌文件系统（Google File System，GFS）、存储局域网络（Storage Area Network，SAN）为代表的高性能存储技术。另外，服务器整合需求推动了虚拟化（Virtualization）技术的进步和多核技术的广泛应用，这些均为发展更强大的计算能力和构建更好的服务平台提供了可能。随着对计算能力、资源利用效率、资源集中化的迫切需求，云计算便应运而生。

二、云计算的含义与特征

（一）含义

从计算模式的发展过程可以看到，云计算的出现并非突然性的创新成果，而是信息技术，尤其是计算技术一步步发展的必然结果。目前的云计算也并非计算方式的最终形态，未来还有巨大的发展空间。

维基百科对云计算的定义如下："云计算是通过Internet提供动态的、易扩展的、虚拟化的计算资源的一种计算方式，用户不需了解云中基础设施的细节，不必具有相应的专业知识，也无须进行直接控制。"

伯克利发布的云计算白皮书给出的定义是："云计算包括Internet上各种服务形式的应用，以及应用所依托的数据中心的软硬件设施。"应用即服务，而数据中心的软硬件设施即所谓的云。通过量入为出的方式提供给公众的云称为"公开云"，如Amazon的简单存储服务（Simple Storage Service，S3）、Google App Engine和Microsoft Azure等；而不对公众开放的基于组织内部数据中心的云称为"私有云"。

各个机构及学者对于云计算的定义各有侧重，但从根本上说，云计算是以虚拟化机制为核心，以规模经济为驱动，以Internet为载体，以由大规模的计算、存储和数据资源组成的信息资源池为支撑的商业计算模型。它能够按照用户需求动态地提供虚拟化的、可伸缩的信息服务，包括公开云和私有云两种类型。

在云计算模式下，不同种类的信息服务按照用户的需求规模和要求动态地构建、运营和数据维护，用户一般以量入为出的方式支付其利用资源的费用。

云计算的因素主要包括以下几个方面：①技术因素是云计算的技术化使能支撑，包括虚拟化机制、Web Service技术、分布式并行编程模式、全球化的分布式海量存储系统、网络服务，以及面向服务的体系架构、计费管理等。②经济因素是云计算商业化使能的支撑，如合理的商业模式、清晰的产业结构等。③政策因素是保证云计算服务质量和合法性的社会化使能支撑，如政府的支持政策及各种健全的监管制度。

（二）典型特征

云计算系统一般具备以下七个典型特征：

（1）超大规模。云计算产生的规模经济效益就在于资源具有相当的规模，如Google、Amazon、IBM、Microsoft、Yahoo等云数据中心均拥有以百万计的服务器集群。

（2）虚拟化。虚拟化是云计算的主要支撑技术之一，云计算利用虚拟化技术将传统的计算、网络和存储资源转化成可以提供弹性伸缩服务的资源池。

（3）高可靠性。云计算系统使用了数据多副本容错、计算节点同构可互换等措施来保障服务的高可靠性，使用云计算系统可以达到7×24不间断运行和提供服务的目的。

（4）通用性。云计算系统，特别是公开云计算系统不局限于运行特定的应用，在同一云计算平台的支撑下可以运行千变万化的应用。

（5）高可扩展性。云计算系统规模可以动态伸缩，满足应用和用户规模增长的需要。

（6）按需服务。云计算系统提供的资源池可以按需使用和计费。

（7）极其廉价。云计算系统的高效容错措施，使得系统可以采用廉价的计算设备作为数据节点；云计算自动化集中式管理使大量企业无须负担日益高昂的数据中心管理成本；云计算的通用性也使资源的利用率较之传统系统有大幅提升，用户可以免费或者用低价获取高品质服务。

（三）计算模式对比

网格计算是非常重要的一种分布式计算模式，对于云计算的诞生和发展有重要影响。福斯特（Foster）将网格定义为：支持在动态变化的虚拟组织（Virtual Organizations）间共享资源，协同解决问题的系统。

云计算和网格计算的另一项重要区别在于资源调度模式。云计算采用集群的方式来存储和管理数据资源，运行的任务以数据为中心，即调度计算任务到数据存储节点运行。而网格计算则以计算为中心，计算资源和存储资源分布在Internet的各个角落。受广域网络带宽的限制，网格计算系统中的数据传输时间占总运行时间的很大一部分。

网格将数据和计算资源虚拟化，而云计算则更进一步地将硬件基础设施虚拟化。和网格计算复杂的管理方式不同，云计算提供一种简单易用的管理环境。

集群计算：集群是一种并行的、分布式的系统，它把有内在联系但各自独立的计算机集结起来，使这些计算机能作为一个综合的计算资源进行计算处理。云计算是从集群计算技术发展而来的，并且继承了集群计算中的许多关键技术。二者主要有以下区别。

1.分布范围不同

在集群计算中，计算机的资源位于单一的一个管理范围内。在集群计算发展的早期，有需求的企业会独自建立自己的计算集群，并自行管理和维护；而云计算是面向整个互联网的，可以为任何能够连接到网络的用户提供计算、存储等服务。

2.资源组成不同

集群计算往往采用安装同一种操作系统的大量服务器或PC，而云计算可以整合大量的异构资源并将这些物理资源虚拟成资源池，以弹性的方式提供给用户使用。

3.安全保障级别

集群计算的安全性以传统的登录密码为基础，安全水平取决于用户权限，而云计算则会采取一系列策略并提供专门的防护模块来实现高级别的安全保障。

三、云计算的发展历程

（一）计算模式演进

云计算是在并行计算（Parallel Computing）、分布式计算、网格计算（Grid Computing）和效用计算（Utility Computing）的基础上发展起来的，经过持续演化和融合改进逐步形成目前流行的云计算模型。云计算的演化过程如下所述。

1.并行计算

单核多线程的系统设计采用的算法均基于串行计算模式，即将任务分解成一串相互独立的命令执行流，每个命令执行流都有自己的序号，串行计算要求所有的命令执行流按照顺序逐一执行，也就是说，同一时间只有一个执行流在执行。这种算法效率低下，无法满足大数据（Big Data）的分析和处理需求。而并行计算可以通过同时调用多个计算资源处理庞大、复杂的计算任务。这些计算资源可以是拥有多核CPU或者多个CPU的高性能服务器，也可以是多台服务器组成的集群系统。

并行计算可以将任务分解成相互独立但可以同时运行的几个部分，每一部分再分解成相互独立的命令执行流。任务分解后，每部分的每个命令执行流都可以同时执行。

并行计算包括空间并行、基于流水线（Pipeline）技术的时间并行以及基于优化算法的数据并行和任务并行等。不管采用何种并行计算方法，都能对串行计算的单指令流单数据流（Single Instruction Single Data，SISD）做出优化，以及通过采用多指令流多数据流（Multiple Instruction Stream Multiple Data Stream，MIMD）的并行计算大幅度提升系统的处理能力。

2.分布式计算

现并行计算调动的计算资源可以是单个CPU的多个内核或单个服务器内的多CPU，也可以是服务器集群提供的多CPU。如果仅从这个角度来看，分布式计算和并行计算有相似之处。MapReduce等分布式计算模式在处理庞大的计算请求时，会将需要解决的问题分解成细小的组成部分，然后将这些组成部分分散到不同的计算机进行处理，处理完成后将结果进行汇总，形成最终结果。分布式计算可以汇集成千上万台计算机和几百万、几千万的计算机资源。

分布式计算的典型代表是对等计算（Peer-to-Peer Computing，P2P）。P2P使得Internet用户可以提供其个人计算机上闲置的处理能力和存储资源，通过资源共享和计算能力的平衡负载来提供分布计算服务。目前众多机构发起了不同的P2P分布式计算项目，以解决复杂的数据难题、密码分析、生物科学、数据处理等规模计算问题，如利用全球联网的计算机共同搜寻地外文明的SETI@home项目、为大型强子对撞机提供计算能力的LHC@home项目等。

3.网格计算

根据拉里斯马尔的描述，网格计算系统是一种无缝、集成的计算和协作环境。按照网格提供的功能可分为两类：计算网格（Computational Grid）和存储网格（Access Grid）。计算网格可以提供虚拟的、无限制的计算和分布数据资源，存储网格提供的则是合作环境。

网格计算系统一般具有如下特点。

（1）异构性

网格可以包含多种异构资源，包括跨越地理分布的多个管理域。构成网格计算系统的超级计算机有多种类型，不同类型的超级计算机在体系结构、操作系统及应用软件等多个层次上可能具有不同的结构。

（2）可扩展性

网格可以从最初只包含少数资源的小网格发展到具有成千上万资源的大网格。

（3）可适应性

网格中有很多资源，因此资源发生故障的概率很高。网格的资源管理或应用必须能动态地适应这些情况，并调用网格中可用的资源和服务来取得最大的性能。

（4）不可预测性

在网格计算系统中，资源的共享会导致系统行为和系统性能经常变化。因此，网格计算系统具有不可预测性。

（5）多级管理域

由于构成网格计算系统的超级计算机资源通常属于不同的机构或组织，并且使用不同的安全机制，因此需要各个机构或组织共同参与解决多级管理域的问题。

相比分布式计算来说，网格计算不仅仅是一种计算模式，更是一套广泛地整合各种异构计算资源方式的方案和思想。

4.效用计算

为了解决传统计算机资源、网络及应用程序使用方法变得越来越复杂，管理成本越来越高的问题，科学家们提出了效用计算这个概念。效用计算的具体目标是结合分散各地的服务器、存储系统及应用程序来立即提供需求数据的技术，使用户能够便利地使用计算机资源。效用是指为客户提供个性化的服务并且可以满足不断变化的客户需求，可以基于实际占用的资源进行收费。

按需分配的效用计算模型采用了多种灵活有效的技术，能够针对不同的需求提供相应的配置与执行方案。效用计算使用户可以通过网络来连接资源，并实现用户数据的处理、存储和应用，而用户不必再组建自己的数据中心。

效用计算模型中包括计算资源、存储资源、基础设施等众多资源，它的收费方式发生了改变，不仅仅对速率进行收费，对于租用的服务也需要缴纳一定的费用。这种按照实际使用进行收费的计费方式在企业中变得越来越常见。从效用计算开始引入按需计算的理念，不需要的额外服务就不必为其支付任何费用。它的管理模块注重系统的性能，确保数据和资源随时可用，同时建立自动化模块，对服务器进行集群操控，促进服务器之间的自动化管理，保证服务之间可以自行分配。

效用计算已经开始有云计算的影子，云计算的很多理念也是在效用计算的基础上发展起来的。

5.云计算

云计算强调所有资源均以服务的形态出现，包括基础设施即服务（Infrastructure as a Service，IaaS）、平台即服务（Platform as a Service，PaaS）、软件即服务（Software as a Service，SaaS）、数据即服务（Data as a Service，DaaS）、知识即服务（Knowledge as a Servite，KaaS）、存储即服务（Storage as a Service，SaaS）、安全即服务（Security as a Service，SaaS）等。

企业对信息中心提出的要求越来越高，企业首席信息官（Chief Information Officer，CIO）更加希望从基础设施、平台、软件中摆脱出来，转而关注业务流程的革新、办公效率的优化、业务成本的管控，这将会给信息系统的交付和管理模式带来变化。中小企业希望避免自行构建数据中心，将所有的服务迁移到公有云（Public Cloud）；大型企业则可以建立私有云（Private Cloud），将所有的资源整合再以服务的形态呈现给企业内部员工和外部用户。而对于个人用户来说，理想的状态显然是不管身处何方，也不管使用的是笔记本电脑还是智能手机等移动终端，只要通过一台能联网的设备就能完成所有的办公、生活和娱乐需求。

（二）云计算时代

云计算引发了新的技术变革，带来了新的IT服务模式，目前已成为IT领域最令人关注的话题之一，也是各行各业正在考虑和投入的重要领域。企业的云化IT设施建设过程可以分为三个阶段。

第一阶段：集中化。这一阶段将企业分散的计算、存储与数据等资源进行集中，形成了规模化的数据中心基础设施。在数据集中过程中，不断地整合数据和业务，使得大多数企业的数据中心基本完成了自身的标准化，既使原有业务的扩展和新业务的部署变得能够规划、可控，又以企业标准进行IT业务的实施，解决了数据与业务分散时期的混乱无序的问题。在这一阶段中，很多企业在数据集中后期也开始了容灾建设，特别是金融行业的企业大部分都建设了高级别的容灾系统，以数据零丢失为目标。总体来说，第一阶段解决了企业IT资源管理分散和容灾的问题。

第二阶段：虚拟化。在数据集中与容灾实现之后，随着企业的快速发展，数据中心IT基础设施扩张的速度加快，但是系统建设成本高、周期长，如标准化的业务模块建设（如系统的复制性建设），软硬件采购成本、调试运行成本与业务实现周期并没有显著下降。标准化并没有给系统带来灵活性，集中的大规模IT基础设施出现了系统利用率不足的问题，不同的系统运行在独占的硬件资源中，不仅效率低下，而且逐步突显出数据中心的能耗、空间问题。因此，以降低成本、提升IT系统运行灵活性、提升资源利用率为目的的虚拟化机制开始在数据中心进行应用。虚拟化屏蔽了物理设备的异构性，将基于标准化接口的物理资源虚拟化成在逻辑上完全标准化、一致化的逻辑计算资源和逻辑存储空间。虚拟化可以将多台物理服务器整合成单台，并且每台服务器都可以运行多种应用的虚拟机（Virtaul Machine，VM），实现物理服务器资源利用率的提升。由于虚拟化环境可以实现计算与存储资源的逻辑化变更，特别是虚拟机的克隆，使得数据中心IT系统部署的灵活性得到了大幅提升，业务部署周期由数月缩短到一天以内。虚拟化后，应用以VM为单元部署运行，不仅数据中心服务器数量大为减少且计算能效得到提升，也使得数据中心的能耗与空间问题得到解决。总体来说，第二阶段提升了企业IT架构的灵活性，提高了数据中心资源的利用率，降低了运行成本。

第三阶段：云计算。对企业而言，数据中心及其各种系统（包括软硬件基础设施）的部署常常需要高额的资金投入。新信息系统（特别是硬件部分）在建后一般经历3～5年即面临老化与更换，而软件技术则面临不断升级的压力。此外，IT的投入难以匹配业务的需求，即使虚拟化后，也难以满足不断增加的业务对资源变化的需求，在一定时期内扩展性总是有所限制的。企业普遍期望IT资源能够弹性扩展、按需服务，将服务作为IT的核心，提升业务敏捷性，进一步大幅降低成本。云计算架构可以由企业自己构建，也可以采用第三方云设施，但基本趋势是企业将逐步采取按需租用计算、存储、网络等资源的方式来满足业务扩展的需要，无须自己建设。这意味着云计算解决了IT资源的动态需求和成本问题，使得企业可以专注于业务运营与服务优化。

在这三个阶段中，集中化面向数据中心物理组件和业务模块，虚拟化面向数据中心的计算与存储资源，云计算则面向最终服务。云计算从根本上改变了传统IT系统的服务结构，剥离了IT系统中与企业核心业务无关的因素，使企业IT服务能力与自身业务的变化相适应，在技术不断变革的过程中，网络逐步从基本Internet功能转换到web服务时代，IT也由企业网络互通性转换到提供信息架构。全面支撑企业核心业务的技术驱动力也为云计算提供了实现的客观条件。在关键领域，云计算的技术储备已经就绪。

基础组件标准化：信息技术的长期发展，使得基础组件的标准化非常完善，在硬件层面、操作系统层面的互通已经没有阻碍。

虚拟化与自动化：虚拟化技术不断纵深发展，软硬件资源均可以通过自动化架构提高全局动态调度能力。自动化提升了资源的利用率，以及IT架构的伸缩性和扩展性。

并行与分布式架构：大规模的计算与数据处理系统已经在分布式、并行处理架构上得到广泛应用，并行计算、分布式数据处理、大型数据存储技术成为云计算的实现基础，使得整个基础架构具有更高的弹性与扩展性。

网络带宽：大规模的数据交换需要超高网络带宽的支撑，网络系统平台在40～100Gbps的速度下可具备更加扁平化的结构，使得信息交互能以最短的路径执行。

总之，从传统计算服务向云计算服务发展已经具备技术基础，而传统IT架构演进到弹性的云计算服务也成为必然。

第二节　物联网基础

物联网继计算机、互联网与移动通信网之后又一次带来了信息产业浪潮。发展物联网对于促进经济发展和社会进步具有重要的现实意义，对加快转变经济发展方式具有重要推动作用。物联网通过在各种可能的物体中嵌入智能和通信能力，获取来自物理世界的信息，并基于对这些信息的分析和处理来增强和提升现有信息通信网络的智能性、交互性和自动化程度。

一、物联网概述

（一）物联网的基本概念

1.物联网的定义

物联网的定义有很多种，最早是1999年由麻省理工学院的Auto-ID研究中心提出的：把所有物品通过射频识别（Radio Frequency Identification，RFID）和条形码等信息传感设备与互联网连接起来，实现智能化的识别和管理。但是上述定义具有一定的局限性，目前比较广为接受的一种定义是国际电信联盟（International Telecommunication Union，ITU）给出的描述：物联网是通过射频识别、红外感应器、全球定位系统、激光扫描器等信息传感设备，按约定的协议，把任何物品与互联网相连接，进行信息交换和通信，以实现对物品的智能化识别、定位、跟踪、监控和管理的一种网络。物联网有狭义和广义之分，狭义的物联网指的是物与物之间的连接和信息交换；广义的物联网不仅包含物与物的信息交换，还包括人与物、人与人之间的广泛的连接和信息交换。

物联网将无处不在（Ubiquitous）的末端设备（Devices）和设施（Facilities）通过各种无线或有线的长距离 / 短距离通信网络实现互联互通、应用大集成以及基于云计算的软件运营等模式，提供安全可控乃至个性化的实时在线监测、定位追溯、报警联动、调度指挥、预案管理、远程控制、安全防范、远程维保等管理和服务功能，实现对“万物”的“高效、节能、安全、环保”的“管、控、营”一体化。其中，末端设备和设施包括具备“内在智能”的传感器、移动终端、工业系统、楼宇自动化系统、家庭智能设施、视频监控系统等，也包括“外在使能”（Enabled）的贴有 RFID 标签的各种资产、具有无线终端的个人与车辆等“智能化物件或动物”或“智能尘埃”（Mote）。

物联网不是一门技术或者一项发明，而是过去、现在和未来许多技术的高度集成和融合。物联网是现代信息技术发展到一定阶段后才出现的聚合和提升，它将各种感知技术、现代网络技术、人工智能、通信技术和自动控制技术集合在一起，促成了人与物的智慧对话，创造了一个智慧的世界。

物联网被视为互联网的应用扩展，应用创新是物联网发展的核心，以用户体验为核心的创新是物联网发展的灵魂。这里物联网的“物”，不是普通意义的万事万物，而是需要满足一定条件的物，这些条件包括：要有数据传输通路（包括数据转发器和信息接收器）；要有一定的存储功能；要有运算处理单元（即CPU）；要有操作系统或者监控运行软件；要有专门的应用程序；遵循物联网的通信协议；在指定的范围内有可被识别的唯一编号。

2.物联网的本质

物联网的本质主要体现在三个方面：第一，互联网特性，即对需要联网的“物”一定要能够实现互联互通的互联网络；第二，识别和通信特性，即物联网中的“物”一定要具备自动识别和物物通信的功能；第三，智能化特性，即网络应具有自动化、自我反馈和智能控制的特点。

从美国的“智慧地球”到我国的“感知中国”，物联网已经成为全世界关注的焦点。物联网被美国视为振兴经济的重要手段，被欧盟定位成使欧洲领先全球的基础战略，也被我国作为战略性新兴产业规划重点。

根据物联网的应用规模，可将物联网分为以下四类。

（1）私有物联网（Private IoT）

一般面向单一机构内部提供服务，可能由机构或其委托的第三方实施并维护，主要存在于机构内部（On-Premise）或内网（Intranet）中，也可存在于机构外部（Off-Premise）。

（2）公有物联网（Public IoT）

基于互联网向公众或大型用户群体提供服务，一般由机构（或其委托的第三方，这种情况较少）管理。

（3）社区物联网（Community IoT）

向一个关联的“社区”或机构群体（如公安局、交通局、环保局、城管局等）提供服务，可能由两个或两个以上的机构协同运维，主要存在于内网和专网（Extranet/VPN）中。

（4）混合物联网（Hybrid IoT）

混合物联网是上述两种或两种以上的物联网的组合，但后台有统一管理实体。物联网建立了人与人、人与物、物与物之间的信息流，每个物体都是一个终端，构建了更为广泛的信息网络系统。在这个系统中，可以自动实时地对物体进行识别、定位、追踪、监控和管理。物联网的发展进步可以大大地促进全球信息化，更有利于提升物联网在各行业的广泛应用，包括物流、交通、医疗、智能电网等领域。

（二）物联网与互联网及互联网+

1.物联网与互联网

物联网是物物相连的互联网，是可以实现人与人、物与物、人与物之间信息沟通的庞大网络；互联网是由多个计算机网络相互连接而成的网络。物联网与互联网既有区别又有联系。物联网不同于互联网，它是互联网的高级发展。从本质上来讲，物联网是互联网在形式上的一种延伸，但绝不是互联网的翻版。互联网本质上是通过人机交互实现人与人之间的交流，构建了一个特别的电子社会。而物联网是多学科高度融合的前沿研究领域，综合了传感器、嵌入式计算机、网络及通信和分布式信息处理等技术，其目的是实现包括人在内的广泛的物与物之间的信息交流。

物联网是在互联网的基础上，利用RFID、无线数据通信等技术，构造一个覆盖世界上万事万物的网络。在这个网络中，每个物体都具有一定的“身份”，便于人们和物体之间的智能交互，也便于实现物与物之间的信息交互。物联网可用的基础网络有很多种，根据应用的需要，可以采用公众通信网络或者行业专网，甚至新建专用于物联网的通信网。通常互联网最适合作为物联网的基础网络，特别是当物物互联的范围超出局域网时，以及当需要利用公众网传送待处理和利用的信息时。

互联网是人与人之间的联系，而物联网是人与物、物与物之间的联系。物联网与互联网的区别主要有以下三点。

（1）范围和开放性不同

互联网是全球性的开放网络，人们可以在任何地点通过上网到达任何一个网站。而物联网是区域性的网络。物联网有两类，一类是用来传输信号的互联网平台，另一类是应用部门的专业网，即封闭的区域性网络，如智能电网等。

（2）信息采集的方式不同

互联网借助网关、路由器、服务器和交换机连接，由人来采集和处理各种信息。而物联网是把各种传感、标签、嵌入设备等联系起来，把世界万物的信息连接到互联网上，融为一个整体网络。

（3）网络功能不同

互联网是传输信息的网络，物联网是实物信息收集和转化的网络。在某种程度上，我们可以认为：物联网=互联网+传感网+云计算。

物联网是互联网的自然延伸，因为物联网的信息传输基础仍然是互联网。但是相比互联网，物联网具有以下三个优势，这些优势促使人们发展物联网，为人们的生活带来更多便利。

第一，终端的多样化。以前的互联网主要是计算机互联的网络，当然现在能上网的设备越来越多，除计算机之外，还有手机、掌上电脑（PDA）及诸如机顶盒之类的东西。但是究其根本，互联网的终端还是人。然而环顾四周就会发现，身边还有很多东西是游离于互联网之外的，如电冰箱、热水器、洗衣机、空调器等。人们开发物联网技术，就是希望借助它将人们身边的所有东西都连接起来，小到手表、钥匙及上面所说的各种家用电器，大到汽车、房屋、桥梁、道路，甚至将那些有生命的东西（包括人和动植物）都连接进网络。这种网络的规模和终端的多样性显然要大于现在的互联网。

第二，感知的自动化。物联网通过在各种物体上植入微型传感芯片，使得任何物品都可以变得“有感受、有知觉”，可以自动感知所需要的信息。

第三，智能化。物联网通过无线传感器网络（WSN）和RFID能够时时刻刻地获取人和物体的最新特征、位置、状态等信息，这些信息将使网络变得更加“博闻广识”，使网络变得更加“睿智”。物联网的应用将会带来许多意想不到的收获。物联网的发展既可以形成与物联网相关的各种高新产业，也可以为传统互联网的发展开拓新的空间。

2.物联网与“互联网+”

“互联网+”战略利用互联网的平台和信息通信技术，把互联网和包括传统行业在内的各行各业结合起来，在新的领域创造一种新的生态。

“互联网+”的核心是互联网进化和扩张，反映互联网从广度、深度融合和介入现实世界的动态过程。互联网自从1969年在大学实验室里诞生后，就不断扩张，从科研到生活，从娱乐到工作，从传媒到工业制造业，每个领域都有互联网的身影。互联网像黑洞一样，不断把这个世界吞噬进来。“+”这个符号可以看作一个黑洞的入口。这也是为什么叫“互联网+”，而不叫“+互联网”的原因。

物联网是互联网大脑的感觉神经系统，云计算是互联网大脑的中枢神经系统，大数据是互联网智慧和意识产生的基础，工业4.0或工业互联网本质上是互联网运动神经系统的萌芽。

物联网重点突出了传感器感知的概念，同时它也具备网络线路传输、信息存储和处理行业应用接口等功能，而且往往与互联网共用服务器、网络线路和应用接口，从而使人与人、人与物、物与物之间的交流变成可能，最终使人类社会、信息空间和物理世界（人机物）融为一体。

“互联网+”携手物联网技术，将带来传统产业的换代升级。同时，随着移动互联网的发展，云计算、大数据等新技术能更快融入传统产业，包括金融理财、打车等民生领域，以及家电等传统制造业等，将进一步推动新兴产业的地位升级。

二、物联网的体系结构

目前，物联网的体系结构还没有统一的标准，人们普遍接受的体系结构就是物联网的三层体系结构，即感知层、网络层和应用层。

（一）感知层

感知层主要用于采集物理世界中发生的物理事件和信息，包括各类物理量、标识、音频、视频等。感知层在物联网中如同人的感觉器官对人体系统的作用，主要是用来感知外界环境的温度、湿度、压强、光照度、气压、受力情况等信息，通过采集这些信息来识别物体和感知物理相关信息。作为物联网应用和发展的基础，感知层涉及的主要技术包括RFID技术、传感器和控制技术、短距离无线通信技术等。

一维条码和二维条码作为比较廉价而又实用的技术，在今后一段时间还会在各个行业中得到应用。然而，由于其所能包含的信息有限，而且在使用过程中需要用扫描器以一定的方向近距离地进行扫描，这对于未来在物联网中动态、快读、大数据量以及有一定距离要求的数据采集、自动身份识别等有很大的限制，因此基于无线技术的射频标签将会发挥越来越重要的作用。WSN作为一种有效的数据采集设备，在物联网感知层中扮演了重要角色。现在传感器的种类不断增多，出现了智能化传感器、小型化传感器、多功能传感器等新技术传感器。

（二）网络层

网络层是在现有的通信网和因特网（Internet）的基础上建立起来的，其关键技术既包括现有的通信技术又包括终端技术，如为各类行业终端提供通信能力的通信模块等。网络层不仅能使用户随时随地获得服务，更重要的是能通过有线与无线的结合、移动通信技术和各种网络技术的协同，为用户提供智能选择接入网络的模式。

有线通信网络可分为中、长距离的广域网络（Wide Area Network，WAN，包括PSTN、ADSL和HFC数字电视Cable等）与短距离现场总线（Field Bus，也包括电力线载波等技术）。无线通信网络也可分为长距离的无线广域网（Wireless Wide Area Network，WWAN），中、短距离的无线局域网（Wireless Local Area Networks，WLAN），超短距离的无线个人局域网（Wireless Personal Area Network，WPAN）。移动通信技术包括2G、3G、4G及5G技术网络层，用于实现更加广泛的互联功能，相当于人的神经系统，能够无障碍、高可靠性、高安全性地传送感知到的信息。这需要传感器网络与移动通信技术、互联网技术相互融合。经过多年的快速发展，移动通信、互联网等技术已经比较成熟，基本能够满足物联网数据传输的需要。

（三）应用层

应用层包括各种不同业务或者服务所需要的应用处理系统。这些系统利用感知的信息处理、分析、执行不同的业务，并把处理的信息再反馈回来以进行更新，为终端使用者提供服务，使得整个物联网的每个环节都更加连续和智能。

物联网把周围世界中的人和物都联系在网络中，应用涉及生产生活的方方面面。我国物联网在安防、电力、交通、物流、医疗、环保等领域已经得到广泛应用，且应用模式正日趋成熟。在安防领域，视频监控、周界防入侵应用已取得良好效果；在电力行业，远程抄表、输变电监测等应用正在逐步拓展；在交通领域，面向公共交通工具、基于个人标识自动缴费的移动购票系统、电子导航、路网监测、车辆管理等应用正在发挥积极作用；在物流领域，物品轨迹实时查询、物品运输调度、实时监控应用得到广泛推广；在医疗领域，身份标识和验证、身体症状感知以及数据采集系统、个人健康监护、远程医疗等应用日趋成熟。

物联网应用涉及行业众多，涵盖面宽泛，总体可分为政府应用系统、社会应用系统和企业应用系统。物联网通过人工智能、中间件云计算等技术，为不同行业提供应用方案。

三、物联网的特征

物联网集合了以往其他技术所不可能具有的显著优势，引起了全世界的广泛关注。物联网主要是从应用角度出发，在传感器网络的基础上，利用互联网、无线通信网络资源进行业务信息的传送；物联网是互联网、移动通信网应用的延伸，是综合了自动化控制、遥测遥控及信息应用技术的新一代信息系统。

（一）物联网的主要特征

物联网是通过各种感知设备和互联网，将物体与物体相互连接，实现物体间全自动、智能化的信息采集、传输与处理，并可随时随地进行智能管理的一种网络。作为崭新的综合性信息系统，物联网并不是单一的，它包括信息的感知、传输、处理决策、服务等多个方面，呈现出显著的自身特点。物联网有以下三个主要特征。

1.全面感知

全面感知即利用RFID、WSN等随时随地获取物体的信息。物联网接入对象涉及的范围很广，不仅包括现在的PC、手机、智能卡等，就连轮胎、牙刷、手表、工业原材料、工业中间产品等物体也因嵌入微型感知设备而被纳入其中。物联网所获取的信息不仅包括人类社会的信息，还包括更为丰富的物理世界信息，包括压力、温度、湿度等。其感知信息能力强大，数据采集多点化、多维化、网络化，使得人与周围世界的相处更为智慧。

2.可靠传递

物联网的基础设施较为完善，能够通过电信网络与互联网的融合，将物体的信息实时、准确地传递出去，并且人与物、物与物的信息系统也实现了广泛的互联互通，信息共享和互操作性达到了很高的水平。

3.智能处理

智能是指个体对客观事物进行合理分析、判断及有目的地行动和有效地处理周围环境事宜的综合能力。物联网的产生是微处理器技术、传感器技术、计算机网络技术、无线通信技术不断发展融合的结果。从其自动化、感知化要求来看，它已能代表人、代替人对客观事物进行合理分析、判断及有目的地行动和有效地处理周围环境事宜，智能化是其综合能力的表现。

物联网不但可以通过数字传感设备自动采集数据，也可以利用云计算、模式识别等各种智能计算技术，对采集到的海量数据和信息进行自动分析和处理，一般不需人为的干预。另外，还能按照设定的逻辑条件，如时间、地点、压力、温度、湿度、光照度等，在系统的各个设备之间，自动地进行数据交换或通信，对物体实行智能监控和管理，使人们可以随时随地、透明地获得信息服务。

除了上述三大主要特征外，物联网还具有显著的网络化、物物相连、多种技术相融合等特点。网络化是物联网的基础，无论是M2M、专网，还是无线、有线传输信息，都必须依赖于网络；不管是什么形态的网络，最终都必须与互联网相连，这样才能形成真正意义上的物联网。物物相连是物联网的基本要求之一。计算机和计算机连接而成的互联网，可以完成人与人之间的交流，而物联网就是在物体上安装传感器、植入微型感应芯片，然后借助无线或有线网络，让人们和物体"对话"，让物体和物体之间进行"交流"。可以说，互联网完成了人与人的远程交流，而物联网则完成了人与物、物与物的即时交流，进而实现了由虚拟网络世界向现实世界的转变。物联网集成了多种网络接入技术和应用技术，是实现人与自然界、人与物、物与物进行交流的平台。因此，在一定的协议关系下，实行多种技术相融合，分布式与协同式并存，是物联网的显著特点，从而使得物联网具有很强的开放性、自组织和自适应能力，可以随时接纳新器件，提供新服务。

（二）物联网提供服务的特点

在物联网环境中，一个合法的用户可以在任何时间、任何地点对任何资源和服务进行低成本的访问。有的学者将物联网能够提供服务的特点总结为7A服务，即一个合法用户（Anyone Authorized）可以在任何时候（Anytime）、任何地点（Anywhere），通过任何途径（Affordable Access）访问任何事物（Anything）。

四、物联网的关键技术

（一）网络与通信技术

网络是物联网信息传递和服务支撑的基础设施，通过泛在的互联功能，实现感知信息的高可靠性、高安全性传送，物联网中感知数据的传递主要依托网络和通信技术，其中涉及更多的是无线网络技术和移动通信技术。

无线网络技术主要包括蓝牙、红外线、超宽带、ZigBee、Wi-Fi等，它们的最高传输速率大于100Mbit/s，支持视频、音频等多媒体信息的传输，可以广泛应用于物联网底层数据的感知。但是由于绝大多数的短距离无线网络技术都应用在公共的ISM频段，频段间的干扰问题日益严重。如何避免冲突，实现频率间复用是值得思考的一个问题。

蓝牙是一种小型化、低成本和微功率的无线通信技术，提供点对点和点对多点的无线连接，在任意一个有效通信范围内，所有设备的地位都是平等的，是一种典型的移动自组织网络（Ad hoc）。目前，蓝牙技术已经广泛应用于手机、耳机、PDA、数码相机和数码摄像机等设备中。

红外线作为载波，是一种点对点的传输方式，只能视距传输，覆盖范围约为1m，带宽通常为100Kbit/s。红外线适合低成本、跨平台的数据连接，主要应用于移动设备之间的数据交换。目前，红外技术在红外线鼠标、红外线打印机等设备中均有应用。

ZigBee技术是一种面向工业自动化和家庭自动化的低速、低功耗、低成本的无线网络技术。ZigBee适用于多个数据采集与控制点、数据传输量不大、覆盖面广、造价低的应用领域，在家庭网络、安全监控、医疗保健、工业控制、无线定位等方面有较好的应用前景。

超宽带（Ultra Wide Band，UWB）技术具有低成本、低功耗、高性能等优点，因此成为近距离无线通信研究的热点技术。与常规无线通信技术相比，其电路简单、成本低廉，具有很高的分辨率和很低的发射功率，可以实现全数字化结构。其主要应用于小范围，高分辨率能够穿透墙壁、地面、身体的雷达和图像系统中。UWB的一个非常有前途的应用是汽车防撞系统。戴姆勒-克莱斯勒公司已经试制出用于自动刹车系统的雷达。

无线保真（Fidelity，Wi-Fi）是一种短程无线传输技术，能够在数百米范围内支持互联网接入，可以将个人计算机、手持设备（如PDA、手机）等终端以无线方式互相连接。Wi-Fi为用户提供了无线宽带的互联网访问方式，为人们在家中、办公室或旅途中上网提供了快速、便捷的途径。能够访问Wi-Fi网络的地方，被称为热点。大部分热点都位于人群集中的地方，如机场、咖啡店、旅馆、书店及校园等。Wi-Fi热点是通过在互联网连接上安装访问点来创建的，这个访问点将无线信号通过短程进行传输，一般覆盖范围为100m左右。

移动通信技术应用于底层感知数据的远程传输，通过不同类型的网络最终将数据交付给用户使用。

适应物联网低移动性、低数据率的业务需求，实现信息安全、可靠地传送，是当前物联网研究的一个重点，对网络与通信技术提出了更高要求，而以IPv6为核心的下一代网络的发展，更为物联网提供了高效的传送通道。物联网中的网络层面将不再局限于传统的、单一的网络结构，并最终实现互联网、2G/3G/4G/5G移动通信网、广电网等不同类型网络的无缝、透明的协同与融合。

（二）无线传感器网络（WSN）技术

无线传感器网络（WSN）是由部署在监测区域内大量微型而又廉价的传感器节点组成的。通过无线通信方式组成的一个多跳的具有自组织特性的网络系统，其目的是将覆盖区域中的感知对象的信息进行感知、采集和处理，并最终发送给观测者。

无线传感器网络的构想最初是由美国军方提出的，美国国防部高级研究计划局（DARPA）于1978年开始资助卡耐基梅隆大学进行分布式传感器网络的研究，这被看作无线传感器网络的雏形。无线传感器网络是由大量传感器节点通过无线通信方式形成的一个多跳的自组织网络系统，能够实现数据采集的量化处理、融合和传输。其综合了微电子技术、嵌入式计算技术、现代网络及无线通信技术、分布式信息处理技术等先进技术，能够协同地实时感知和采集网络覆盖区域内各种环境或监测对象的信息，并对其进行处理，再将处理后的信息通过无线方式发送，以自组织多跳的网络方式传送给观察者。

无线传感器网络是一种无中心节点的全分布系统，通过随机投放的方式，将众多传感器节点密集部署在监控区域。这些传感器节点集成有传感器、数据处理单元和通信模块，它们通过无线通道相连，构成网络系统。传感器节点能够借助其内置的形式多样的传感器，测量其所在周边环境中的热、红外线、声呐、雷达和地震波信号，也包括温度、湿度、噪声、发光强度、压力、土壤成分、移动物体的大小、速度和方向等众多人们感兴趣的物理现象。传感器节点间具有良好的协作能力，通过局部的数据交换来完成全局任务。由于传感器网络节点的特点要求，多跳、对等的通信方式较之传统的单跳、主从通信方式更适合无线传感器网络，同时还可有效避免在长距离无线信号传播过程中遇到的信号衰落和干扰等问题。通过网关，传感器网络还可以连接到现有的网络基础设施上，从而将采集到的信息回传给远程的终端用户使用。

无线传感器网络将逻辑上的信息世界与客观上的物理世界融合在一起，改变了人与自然界的交互方式。未来的人们将通过遍布在四周的传感器网络直接感知客观世界，从而极大地扩展网络的功能和人类认识世界的能力。无线传感器网络具有十分广泛的应用前景，范围涵盖医疗、军事和家庭等很多领域。例如，无线传感器网络快速部署、自组织和容错特性使其可以在军事指挥、控制、通信、计算、智能、监测、勘测方面起到不可替代的作用；在医疗领域，无线传感器网络可以用来监测病人并辅助残障病人。其他商业应用还包括跟踪产品质量、监测危险地域等。

（三）RFID技术

射频识别技术（RFID）是物联网感知层的关键技术之一，是一种非接触式的自动识别技术。它通过无线射频方式进行双向数据通信，对目标对象加以识别并获取相关数据。它广泛应用于交通、物流、军事、医疗、安全与产权保护等各种领域，可以实现快速、准确地识别与管理全球范围的各种产品、物资在流动过程中的动态，因此已经引起了世界各国政府与产业界的广泛关注。

典型的RFID系统由RFID标签（Tag）、RFI阅读器（Reader）、天线（Antenna）、计算机四部分组成。

RFID标签又称电子标签、射频卡或应答器，类似货物包装上的条形码，用于记载货物的信息，是RFID系统真正的数据载体，用以标识目标对象。RFID标签是一种集成电路产品，由耦合器件和专用芯片组成。RFID标签芯片的内部结构包括谐振回路、射频接口电路、数字控制和数据存储体四部分。

当给移动或非移动物体附上RFID标签时，就意味着把“物”变成了“智能物”，就可以实现对不同物体的跟踪与管理。

RFID阅读器又称读/写器或读卡器，是读取（或写入）标签信息的设备。RFID阅读器可以无接触地读取并识别RFID标签中所保存的电子数据，从而达到自动识别物体的目的。

天线是将RFID标签的数据信息传递给阅读器的设备。RFID天线可分为标签天线和阅读器天线两种类型。这两种天线因工作特性不同，在设计上关注重点也有所不同。标签天线着重考虑天线的全向性、阻抗匹配、尺寸、极化、造价，以及能否提供足够能量驱动RFID芯片等方面；阅读器天线考虑更多的是天线的方向性、天线频带等因素。计算机用作后台控制系统，通过有线或无线方式与阅读器相连，获取电子标签的内部信息，对读取的数据进行筛选和后台处理。我们通常将电子标签、阅读器和天线三者称为前端数据采集系统。

按照RFID标签有源和无源来划分，RFID系统可分为主动式、半主动式和被动式三种。主动式和半主动式标签内部都携带电源，因此均为有源标签。无源被动式RFID标签内部没有电源设备，其内部集成电路通过接收由阅读器发出的电磁波进行驱动，向阅读器发送数据。

（四）M2M技术

M2M指的是各类物体（机器）通过有线和无线的方式，在没有人为干预的情况下实现数据通信。这些物体可能是工业设备、水电气表、医疗设备、运输车队、移动电话、汽车、贩卖机、家电、健身设备、楼宇、大桥、公路和铁路设施等。这些物体将配备嵌入式通信技术产品，通过各类通信协议和其他的设备及IT系统进行信息交换，提供连续、实时和具体细节的信息，自动获取人类无法得到的大量信息。

在M2M技术中，信息的来源纷繁复杂，但流向却是相同的。现有的M2M标准，都涉及五个重要的技术部分：机器、M2M终端、通信网络、中间件、应用。

从广义上来说，M2M可代表机器对机器、人对机器、机器对人、移动网络对机器之间的连接与通信，它涵盖了所有实现在人、机器、系统之间建立通信连接的技术和手段。M2M技术综合了数据采集、全球定位系统（GPS）、远程监控、通信等技术，能够实现业务流程的自动化。M2M技术使所有机器设备都具

备联网和通信能力，它让机器、人与系统之间实现超时空的无缝连接。

M2M作为物联网的核心技术之一，是物联网现阶段最普遍的应用形式。美国、日本、韩国以及欧洲发达国家等已经实现了M2M的应用，其主要应用在车队管理、机械服务和维修业务、安全监测、公共交通系统、工业、城市信息化等领域。提供M2M业务的主流运营商包括德国的T-Mobile公司、英国的BT公司和Vodafone公司、日本的NTT DoCoMo公司、韩国的SK公司等。

M2M应用在我国起步同样较早，目前在我国中国移动、中国联通、中国电信等移动运营商是M2M的主要推动者。中国电信M2M平台从2007年就开始搭建；中国移动搭建了M2M运营平台，要求所有与设备相关的GPRS数据流量都通过M2M平台；中国联通的M2M相关业务也已经推出。

（五）GPS技术

全球定位系统（Global Positioning System，GPS）是一种全新的定位方法，它是将卫星定位和导航技术与现代通信技术相结合，具有全时空、全天候、高精度、连续实时地提供导航、定位和授时的特点。GPS在空间定位技术方面引起了革命性的变化，已经在越来越多的领域替代了常规的光学与电子定位设备。用GPS同时测定三维坐标的方法将测绘定位技术从陆地和近海扩展到整个地球空间和外层空间，从静态扩展到动态，从单点定位扩展到局部和广域范围，从事后处理扩展到实时定位与导航。同时，GPS将定位精度从米级提高到厘米级，可以广泛用于陆地、海洋、航空航天等领域。

GPS由空间部分、地面控制部分与用户接收机三部分组成。地面监控系统承担着两项任务，一是控制卫星的运行状态与轨道参数，二是保证星座上所有卫星时间基准的一致性。GPS接收机硬件一般由主机、天线和电源组成。为了准确定位，每一颗GPS卫星上都有两台原子钟，GPS接收机需要从GPS信号中获得精确的时钟信息，通过判断卫星信号从发送到接收的传播时间来测算出观测点到卫星的距离，然后根据到不同卫星的距离计算得出自己在地球上的位置。GPS接收机能够接收的卫星信号越多，定位的精度就越高。

全球主要的GPS有四个：美国的“全星球导航定位系统（GNSS）”、欧盟的“伽利略（Galileo）”卫星定位系统、俄罗斯的“格洛纳斯（GLONASS）”卫星定位系统与我国的“北斗”卫星定位系统。这四个系统并称为全球四大卫星导航系统。目前，联合国已将这四个系统确认为全球卫星导航系统核心供应商。

（六）云计算技术

云计算是一种基于因特网的计算方式，通过这种方式，共享的软硬件资源和信息可以按需提供给计算机和其他设备。云计算是继20世纪80年代大型计算机到客户端/服务器的大转变之后的又一巨变。

目前，云计算尚没有统一认可的定义。维基百科给出的定义是：云计算是开发用于因特网（或“云”）上的功能丰富的因特网应用的简称。中国云计算网将云计算定义为：云计算是分布式计算（Distributed Computing）、并行计算（Parallel Computing）和网格计算（Grid Computing）的发展，或者说是这些科学概念的商业实现。现阶段，广为接受的是美国国家标准与技术研究院（NIST）的定义。它提出：云计算是一种按使用量付费的模式，这种模式提供可用的、便捷的、按需的网络访问，进入可配置的计算资源共享池（资源包括网络、服务器、存储、应用软件、服务），这些资源能够被快速提供，只需投入很少的管理工作，或与服务供应商进行很少的交互。

云计算是物联网的核心。运用云计算模式，使物联网中数以兆计的各类物品的实时动态管理、智能分析变得可能。通过云计算的应用，可以解决物联网中服务器节点的不可靠性问题，最大限度地降低服务器的出错率；可以解决物联网中访问服务器资源受限的问题，让物联网在更广泛的范围内进行信息资源共享；可增强物联网中数据的处理能力，并提高智能化处理程度。物联网的行业应用，如智能电网、环境检测网等，都需要借助云计算来解决海量信息和数据的管理问题。

在互联网虚拟大脑架构中，互联网虚拟大脑的中枢神经系统是将互联网的核心硬件层、核心软件层和互联网信息层统一起来为互联网各虚拟神经系统提供支持和服务。从定义上看，云计算与互联网虚拟大脑中枢神经系统的特征非常吻合。在理想状态下，物联网的传感器和互联网的使用者通过网络线路和计算机终端与云计算进行交互，向云计算提供数据，接受云计算提供的服务。

（七）中间件

中间件是处于操作系统和应用程序之间的软件。它屏蔽了底层操作系统的复杂性，使程序开发人员面对一个简单而统一的开发环境，减少程序设计的复杂性，将注意力集中在自己的业务上，从而大大减少了技术上的负担。中间件带给应用系统的不只是开发的简便、开发周期的缩短，也减少了系统的维护、运行和管理的工作量。

物联网的理念是要实现任何时间、任何地点及任何物体的连接，这个特点决定了屏蔽底层硬件的多样性及应用的复杂性。中间件的特性正好提供了良好的平台，以实现各类信息的关联、融合与互动。

基于物联网的应用，中间件的研究应着重于支持多种传感设备的数据采集和处理功能，向上层应用提供终端能力调用接口等。

（八）大数据系统

大数据是互联网智慧和意识产生的基础。随着博客/微博、社交网络以及云计算、物联网等技术的兴起，互联网上的数据信息以前所未有的速度增长和累积。互联网用户的互动、企业和政府的信息发布、物联网传感器感应的实时信息每时每刻都在产生大量的结构化和非结构化数据，这些数据分散在整个互联网网络体系内，数量极其巨大。这些数据中蕴含了经济、科技、教育等领域许多非常宝贵的信息。这就是互联网大数据兴起的根源和背景。

与此同时，以深度学习为代表的机器学习算法在互联网领域的广泛使用，使得互联网大数据开始与人工智能进行更为深入的结合，其中就包括在大数据和人工智能领域领先的世界级公司，如百度、谷歌、微软等。2011年，谷歌公司开始将“深度学习”运用在自己的大数据处理上，互联网大数据与人工智能的结合为互联网大脑的智慧和意识产生奠定了基础。

在大数据时代，学术研究、生产时间、公司战略、国家治理等都发生着本质变化，采集到的原始数据往往是“零金碎玉”，需要通过不同的逻辑进行集成融合，从不同角度解释挖掘，才能获得前人未知的大价值。大数据的技术体系分为三个层次：大数据的采集与预处理、大数据的存储与管理、大数据的计算与分析。大数据平台向下需要管理和使用好各种设备/介质，向上需要支持各种大数据处理与计算的需求。数据量大是大数据平台的一个难关，但不是最大的挑战，比数据量大更难应对的是数据的多样性、实时性、不确定性、关联性、异质性等各种特性。

大数据系统主要包括以下几种类型：

分布式文件系统，如HDFS、GFS、MooseFS、Ceph、TFS。

半结构化存储系统，如HBase、Spanner、Dynamo、Cassandra、Ocean Base。

计算框架和编程模型，如Hadoop、Spark、Dryad、Naiad、Storm。

计算和机器学习系统，如Hama、Giraph、Graphlab、MLBase、Mahout。

类SQL查询系统，如Hive、Shark、DryadLINQ、Dremel。

第三节　云计算与物联网融合应用实践

一、云计算与物联网在智慧城市中的融合应用

（一）智慧城市的理念与分类

智慧城市是基于泛在化的信息网络、智能的感知技术和信息安全基础设施，透明、充分地获取城市管理、行业、公众用户海量数据，为公众提供共享信息，打造智能生活、智能产业、智能管理的城市信息化应用。智慧城市是以互联网、物联网、通信网、移动网等网络组合为基础，以智慧技术高度集成、智慧产业高端发展、智慧服务高效便民为主要特征的城市发展新模式。

“智慧城市”的理念就是把城市本身看作一个生态系统，城市中的市民、交通、能源、商业、通信、水资源构成了一系列子系统。这些子系统形成一个普遍联系、相互促进、彼此影响的整体。借助新一代的物联网、云计算、智能决策优化等信息技术，通过感知化、物联化、智能化的方式，可以将城市中的物理基础设施、信息基础设施、社会基础设施和商业基础设施连接起来，成为新一代的智慧化基础设施，使城市中各领域、各子系统之间的关系显现出来，使之成为可以指挥决策、实时反应、协调运作的“系统之系统”，可以更合理地利用资源，做出最优的城市发展和管理决策，从而及时预测和应对突发事件和灾害。因此，智慧城市是以物联网、云计算、移动网络、大数据等为代表的信息技术与城市化发

展相结合的产物。如何有效实现智慧城市中海量、异构、多源数据的数据共享和融合，是智慧城市必须解决的核心问题。

随着智慧城市在全球各地蓬勃发展，中国各大城市也都融入智慧城市的建设大潮中，都在努力借助智慧化理念和方法让自己的城市智慧化向前发展。目前在国内已经提出建设智慧城市的城市中，有的创新推进智慧城市建设，提出了“智慧深圳”“智慧南京”“智慧佛山”等；有的围绕各自城市发展的战略需要，选择相应的突破重点，提出了“数字南昌”“健康重庆”“生态沈阳”等，从而实现智慧城市建设和城市既定发展战略目标的统一。

目前，国内智慧城市建设主要有以下五类。

1.创新推进智慧城市建设

一些城市将建设智慧城市作为提高城市创新能力和综合竞争实力的重要途径。例如，深圳将建设“智慧深圳”作为推进建设国家创新型城市的突破口，以建设智慧城市为契机，着力完善智慧基础设施，发展电子商务支撑体系，推进智能交通，培育智慧产业基地，已被有关部委批准为国家三网融合试点城市。

南京提出要以智慧基础设施建设、智慧产业建设、智慧政府建设、智慧人文建设为突破口，建设“智慧南京”。将“智慧南京”建设作为转型发展的载体、创新发展的支柱、跨越发展的动力，以智慧城市建设驱动南京的科技创新，促进产业转型升级，加快发展创新型经济，从根本上提高南京的综合竞争实力。

2.以发展智慧产业为核心

武汉城市圈完善软件与信息服务发展环境，加快信息服务业、服务外包、物联网、云计算等智慧产业的发展，推进信息化建设，促进城市圈的综合协调和一体化建设。昆山市高新技术产业发达，生产了全球1/2的笔记本电脑和1/8的数码相机，并以此为基础提出要大力发展物联网、电子信息、智能装备等智慧产业，支撑智慧城市建设。

3.以发展智慧管理和智慧服务为重点

佛山市为了打造“智慧佛山”，提出了建设智慧服务基础设施十大重点工程，即信息化与工业化融合工程、战略性新兴产业发展工程、农村信息化工程、U-佛山建设工程、政务信息资源共享工程、信息化便民工程、城市数字管理工程、数字文化产业工程、电子商务工程、国际合作拓展工程。

4.以发展智慧技术和智慧基础设施为路径

上海为“智慧城市”建设所需要的云计算提供非常优秀的基础条件，推出适合本土的云计算解决方案，在智慧技术基础上充分支持上海“智慧城市”建设。

5.以发展智慧人文和智慧生活为目标

成都提出要提高城市居民素质，完善创新人才的培养、引进和使用机制，以智慧的人文为构建智慧城市提供坚实的智慧源泉。重庆提出要以生态环境、卫生服务、医疗保健、社会保障等为重点建设智慧城市，提高市民的健康水平和生活质量，打造“健康重庆”。

（二）智慧城市基础平台架构

智慧城市的基础平台整体系统结构可以分成四个层次和两个体系，四个层次为传统主机托管层（Hosting）、基础设施即服务层（IaaS）、平台即服务层（PaaS）、软件即服务层（SaaS）；两个体系为信息安全防护体系和运营管理体系。

智慧城市基础平台的信息安全防护体系主要参考了信息系统安全保护等级三级基本要求，以“适度的信息安全”为指导原则，搭建满足智慧城市实际业务安全运行需求的技术保障体系。在建设智慧城市的过程中，信息安全体系架构防护体系是不可或缺的一部分。它是智慧城市基础平台平稳高效运行的有效保障，使智慧城市这种新的信息化城市形态中的各类信息资源被合法、安全、有序地采集、传播和利用，是一项既重要又艰巨的任务。

（三）云计算在智慧城市中的应用

要从根本上保障智慧城市庞大信息系统的安全运行，需要考虑基于云计算的系统架构，建设智慧城市云计算数据中心。在满足智慧城市建设需求的同时，云计算数据中心具备传统数据中心无法比拟的优势：随需应变的动态伸缩能力（基于云计算基础架构平台动态添加应用系统）以及极高的性能投资比（相对于传统的数据中心，硬件投资至少下降30%）。

1.平台层的统一和高效能

通过平台架构即服务的构建模式，将传统数据中心不同架构、不同品牌、不同型号的服务器进行整合，再通过云操作系统的调度，向应用系统提供一个统一的运行支撑平台。借助云计算平台的虚拟化基础架构，可以有效地进行资源切割、资源分配、资源调配和资源整合，按照应用需求来合理分配计算、存储资源，最优化效能比例。

2.大规模基础软硬件管理

基础软硬件管理主要负责对大规模基础软件、硬件资源的监控和管理，为云计算中心操作系统的资源调度等高级应用提供决策信息，是云计算中心操作系统的资源管理的基础。基础软件资源包括单机操作系统、中间件、数据库等；基础硬件资源则包括网络环境下的三大主要设备，即计算（服务器）、存储（存储设备）和网络（交换机、路由器等设备）。

3.业务/资源调度管理

云计算数据中心的突出特点是具备大量的基础软硬件资源，实现了基础资源的规模化；可以提高资源的利用率，降低单位资源成本。业务/资源调度中心可以实现资源的多用户共享，有效提高资源的利用率，且可以根据业务的负载情况，自动将资源调度到需要的地方。

4.安全控制管理

在云计算环境下，基础资源的集中规模化管理，使得客户端的安全问题更多地被转移到数据中心。从专业化角度来看，最终用户可以借助云数据中心的安全机制实现业务的安全性，而不用为此耗费自己过多的资源和精力。同时，对于云计算中心而言，需要直接对更多用户的安全负责。具体而言，云计算安全涉及以下几个主要方面：数据访问风险、数据存放地风险、信息管理风险、数据隔离风险、法律调查支持风险、持续发展和迁移风险等。云计算数据中心的安全控制，可以从基础软硬件安全设计、云计算中心操作系统架构、策略、认证、加密等多方面进行综合防控，以保证云计算数据中心的信息安全。

5.节能降耗管理

建设节约型社会，是经济社会可持续发展的物质基础，是保障经济安全和国家安全的重要举措。对于云计算数据中心而言，面对规模巨大的基础软硬件资源，实现这些基础资源的绿色、节能运维管理，是资源供应商业务的必然需求，也是云计算发展的初衷之一。通常来讲，用户的业务可分为多个子系统，彼此之间会有数据共享、业务互访、数据访问控制与隔离的需求，根据业务相关性和流程需要，采用模块化设计，实现低耦合、高内聚，保证系统和数据的安全性、可靠性、灵活扩展性，易于管理。考虑基于IaaS架构进行设计，以云计算数据中心为核心，打造独立于多个应用系统的公共云，通过各类不同的云，如市政云、交通云、教育云、安全云、社区云、旅游云等，为各类上层应用提供支持，其架构能后续扩展支持其他云。市政平台能提供移动办公、移动执法、视频监控、公众服务等业务的移动通信网络的接入通道服务，集成包括移动宽带、短信、彩信、位置服务等移动通信资源，对委办各局的应用接入进行统一管理，并负责移动智能政务的网络安全、身份认证、运行监控，负责城市综合多媒体信息的发布。

（四）智慧城市中的数据融合与共享

智慧城市中数据容量和类型急剧增长，如何有效地管理分析和整合这些大数据，从数据中提取出有用的信息并将信息转化为价值，成为众多互联网企业和学术界的研究重点和热点。IT产业界和学术界对大数据的关注度不断提升，存储和处理大数据的技术得到空前的发展。研究者们对于如何存储、管理、分析和理解大数据提出了许多想法，大数据相关技术也得到了极大的发展。然而，如何将许多分散的数据有机整合起来，有效地实现不同数据源的数据共享和融合这一问题还没有得到真正的解决。在智慧城市中，数据的来源非常分散，如各类传感器数据、移动网络数据、互联网数据和各种信息系统数据。如何将这些分散的数据互联起来实现数据共享和融合，提高数据利用率是智慧城市建设过程中亟待解决的关键问题。在未来的智慧城市中，数据是非常重要的战略性资源，因此构建智慧城市的数据层是智慧城市建设中非常重要的一环。数据层建设的主要的目的是通过数据关联、数据挖掘、数据活化等技术解决数据割裂、无法共享等问题。数据层包含各行业、各部门、各企业的数据中心，以及为实现数据共享、数据活化等建立的市级的动态数据中心、数据仓库等。

数据融合（Data Fusion）技术主要是指整合表示同一个现实世界对象的多个数据源和知识描述，形成统一、准确、有用的描述过程，最早应用于军事领域中的遥感数据。传统的数据融合方法主要包括数据仓库、中间件和联邦数据库，这些技术主要用于解决企业多个异构数据集数据的共享和融合问题，建立在规模较小又不太分散的系统上。传统的数据共享技术主要包括语义标注和Web API技术。语义标注技术的标准主要包括Microformat、RDFa、Microdata等。然而，语义标注技术具有使用范围较窄、描述能力有限的缺点。Web API技术是当前数据共享应用采用最多的形式，缺点是开放接口不一致，返回的数据没有并联性，因而不能实现数据间的互联。智慧城市中的数据具有海量、异构、多源的特点，因此要想解决智慧城市大数据的共享和融合问题就需要提出新的数据共享和融合技术。一些学者提出的语义网（Semantic Web）概念是对Web3.0的一种设想，互联数据（Linked Data）是语义网中的数据描述框架的实现。它是一种通过发布结构化数据使数据互联，进而提高数据应用价值的框架。Linked Data适用于分散、孤立、异构、海量的互联网数据，因此对智慧城市大数据的共享和融合具有指导意义。还有一些学者提出了一种扩展物联网的思想IoD（Internet of Data）。IoD将数据类比为物联网中的实体，利用数据标签进行数据关联，是实现数据共享和融合的一种新思路，对智慧城市数据共享和融合有积极的作用。北京航空航天大学的陈真勇等学者在Linked Data、数据活化和IoD等技术的基础上提出了一种智慧城市大数据的数据共享和融合框架，用于解决智慧城市中大数据的共享和融合问题。该数据融合框架通过数据图模型描述数据之间的关系，从而形成数据网络，以实现数据共享和融合。该框架自下而上分为四层，即数据存储层、数据转换层、数据互联层、数据共享层。

数据存储层：各种异构数据源存储形式的抽象。智慧城市中数据源存储形式有很多种，如关系型数据库、半结构化文档、非结构文档、多媒体数据等。数据存储层的数据存储形式主要有两种：一种是存储在各类数据库中的结构化数据，另一种是以文件形式存储的半结构化或非结构化数据。因此，数据存储层具有海量、异构和分散的特点。

数据转换层：为了实现数据共享和融合，数据转换层将底层不同存储形式的数据转换为统一的图模型描述，为数据的共享和融合提供了统一的数据描述。数据转换层采用资源描述框架RDF（Resource Description Framework）描述数据，通过RDF形成数据图模型并相互关联，对异构数据进行描述。

数据互联层：统一的数据描述通过数据互联形成数据网络互联层。数据互联层是实现数据共享和融合的核心和基础，其作用是形成数据网络，自动维护数据关联，为数据共享和融合应用提供互联数据基础。数据互联网络中的每个节点代表智慧城市中不同的数据集，如各种信息系统数据、环境采集数据等，具有自动变化、自动维护数据关联关系等智能行为。

数据共享层：利用数据网络真正为用户提供数据共享和融合接口、服务和应用的实现层。该框架还包括标准本体映射和数据注册中心。标准本体映射用于解决多源数据采用不同描述词汇产生的数据描述问题；数据注册中心则可以解决数据真实性和安全性问题。传感器收集的数据大部分都是非结构化数据，因此智慧城市中存在大量的非结构化数据。非结构化数据主要包括非结构化文档、图像、音频和视频。对于非结构化数据，一般采用标注的方法将信息转化为结构化数据，从而实现对数据的管理、处理和分析。由于计算机视觉、机器学习和人工智能等领域的发展，基于多媒体内容分析的应用越来越广泛，如基于内容的图像检索技术等。将标注技术基于内容的分析技术和语义结合起来是多媒体数据分析领域的发展趋势，智慧城市中的智能应用就可以通过这些相互关联的数据为公众提供智能服务。例如，智慧医疗应用为公众提供专家预约服务，通过数据融合框架搜集个人信息、医院信息、专家个人信息，通过推理和计算提出最匹配的预约信息；智慧交通应用为公众提供交通推荐服务，应用程序查询融合了系统中的交通数据、天气数据、个人位置信息数据和地理位置信息数据，综合这些关联信息为用户设计出合理的出行方案。

二、云计算与物联网在智慧医疗中的融合应用

（一）智慧医疗卫生的理念与内容

智慧医疗卫生体现了以患者为中心、以居民为根本和以行政为支撑的医疗卫生理念，通过更深入的智能化、更全面的互联互通、更透彻的感知，实现居民与医务人员、医疗机构、医疗设备之间的互动，构建基于无所不在的全生命周期医疗服务与公共卫生服务的国民健康体系。智慧医疗卫生通过建设基于居民健康档案的区域医疗信息平台，利用最先进的物联网技术，整合现有卫生信息资源，覆盖城市圈卫生系统，形成信息高度集成的医疗卫生指挥、应急、管理、监督信息网络系统。

智慧医疗卫生领域体现出以下四个方面的智慧。

1.对于医疗机构的智慧内容

科学的辅助治疗和资源的优化及共享利用。共享区域电子病历，可方便医务人员跨机构快速、全面掌握患者的诊疗信息。在结合各种医学专家知识库并应用计算机人工智能、通信技术等科学手段来辅助基层卫生机构医务人员提供最佳就

诊流程及提高诊疗医技的同时，可以最大化地降低误诊率，规范医疗行为，提高医疗质量，节约医疗成本。

2.对于公共卫生机构的智慧内容

快速应急指挥响应。卫生应急指挥系统联动疾控系统、急救一体化系统、妇幼医疗保健管理系统、现代血站信息系统，使相关机构的资源信息互通。利用卫星定位技术、传感技术、计算机技术、现代通信技术、信息处理技术等各种高科技手段，实现对卫生应急突发事件的快速反应、统一调度、准确救援。

3.对于公众的智慧内容

无所不在的全生命周期自我健康医疗服务，无论居民身处城市的哪个角落，均可以利用各类先进的感知终端，通过全面覆盖的各种网络技术，搭乘智慧医疗卫生信息平台，享受全程的“一站式”医疗服务以及个性化的健康保健服务，从而缓解居民“看病难，就医贵”的问题，进而真正实现“知未病、治未病”。

4.对于卫生局的智慧内容

系统分析、科学决策、优化管理，挖掘海量、真实、有效的数据，利用分析决策系统，为卫生局对全市的医疗资源的规划、各类疾病的控制、健康教育的宣传、慢病的防治、医疗机构和医务人员的管理、突发公共卫生事件的救援、保障与处理等工作提供科学、及时的辅助和支持。

（二）智慧医疗总体架构

1.应用服务平台

智慧医疗卫生应用服务平台主要由智慧医疗公众访问平台构成，通过居民健康自助门户搭建一个以用户为中心的一体化居民健康服务体系，对居民的健康状况、疾病发生发展和康复的全过程实现监测与评估，从而提供健康咨询和自我健康管理等服务。还可通过手机等移动终端设备获取个人电子健康档案/电子病历，实现日常的医疗咨询以及健康和用药提醒等。

2.应用支撑云平台

（1）服务平台层

服务平台层主要包括智慧云服务平台和智慧云数据中心。智慧云服务平台是医疗行业的一体化平台，以服务的方式完成医疗卫生机构的数据采集、交换、整合，通过提供统一的基础服务实现“以居民健康档案为核心，以电子病历为基础，以慢性病防治为重点，以决策分析为保证”的智慧云服务，实现医疗机构的互联互通，建立智慧医疗数据中心；智慧云数据中心是在统一的核心数据框架建立的前提之下，基于国家标准进行建设的，能够完成医疗机构相关信息的汇聚整合，支持居民健康信息的共享。同时，通过对海量医疗数据的挖掘、分析，辅助管理者进行有效决策。

（2）基础支撑体系

基础支撑体系主要由运行支撑平台和基础设备组成。运行支撑平台处于承上启下的位置，由两大部分组成：一是基础中间件，提供资源虚拟化中间件、应用服务中间件、数据库中间件；二是运行支撑服务，其通过向下实现对基础设施的有机整合，提供云计算和云存储功能，解决分散资源的集中管理以及集中资源的分散服务问题，有效支撑各类感知资源和数据实现面向服务的按需聚合应用，支撑高效能海量数据的分析处理。基础设备层主要包括服务器、存储设备、交换机等。

3.基础设施平台

基础设施平台主要由智慧感知层和医疗卫生专网组成。其中，智慧医疗卫生感知层涉及不同种类的传感器及传感网关，可实现对医疗卫生对象的识别与医疗卫生资源的采集。医疗卫生网络主要采取运营商统筹、专线接入以及Internet经VPN接入三种接入方式。同时，在充分考虑与智慧城市其他领域网络的融合性、共享性和安全性等问题的情况下，实现整个智慧城市网络的传输与统一管理。

4.标准规范体系

标准规范体系是智慧医疗建设的基础工作，也是进行信息交换与共享的基本前提。在遵循“统一规范、统一代码、统一接口”的原则下进行智慧医疗建设，通过规范的业务梳理和标准化的数据定义，要求系统建设必须严格遵守既定的标准和技术路线，从而实现多部门（单位）、多系统、多技术以及异构平台环境下的信息互联互通，确保整个系统的成熟性、拓展性和适应性，规避系统建设的风险。主要包括：智慧医疗卫生标准体系、电子健康档案以及电子病历数据标准与信息交换标准、智慧医疗卫生系统相关机构管理规定、居民电子健康档案管理规定、医疗卫生机构信息系统介入标准、医疗资源信息共享标准、卫生管理信息共享标准、标准规范体系管理等建设内容。

5.安全保障体系

智慧医疗主要从六个方面建设安全防护体系，包括物理安全、网络安全、主机安全、应用安全、数据安全和安全管理，为智慧医疗卫生系统安全防护提供有力的技术支持。通过采用多层次、多方面的技术手段和方法，实现全面的防护、检测、响应等安全保障措施，确保智慧医疗体系整体具备安全防护、监控管理、测试评估、应急响应等能力。

（三）远程医疗监护与日常保健预防系统

远程医疗监护与日常保健预防系统，是指通过通信网络将远端的居民生理学信号和医学信号传送到监护中心进行分析，并给出相应的诊断意见和建议或及时采取医疗措施的一种技术手段。远程医疗监护与日常保健预防系统管理应用包括：在全程健康监护服务方面，全程监护服务平台、健康预警、用药跟踪；在健康指导干预方面，健康干预、健康在线指导、健康数据智能实时分析、家庭成员提醒。

远程医疗监护与日常保健预防系统的主要功能如下。

1.全程监护服务平台

居民可通过登录服务平台，查询监护信息及自己的健康档案信息。

2.健康预警

使用已有的医学分析模型综合分析患者的监护数据，当出现身体异常时会发出预警信息，提醒专业的医护服务人员进行鉴别和干预。此外，系统还会结合一些其他的监测数据对患者进行全面的监护保护。例如，当患者出现在房间突然跌倒的情况时，结合血压、脉搏等状况，系统会分析出患者可能已经跌倒，同样会发出预警信息，提醒医务人员进行确认。

3.用药跟踪

对于特殊人群服用的药品，可通过智能化的RFID识别技术，实现智能化的用药跟踪服务，如服药时间、服药剂量等。

4.健康干预

专业的医护服务人员根据系统发出的预警信息，首先对监护数据进行人工分析，在必要的时候，通过网络向患者或者家属核实患者身体状况，并可以指导患者或家属进行现场急救。针对不同用户的身体情况，系统提供可定制化的监护计划管理功能。

5.健康在线指导

专业医护人员可以在线通过语音、文字、视频等手段对老年人或其亲人进行现场的健康指导。

6.健康数据智能实时分析

基于对个人健康服务基础数据的积累，在分析以往历史数据的基础上提取个人的个性化数据，再叠加实时监测数据，利用医学理论、健康评估模型、智能挖掘和分析技术，由系统综合自动评判个人健康状况，对健康预警等功能提供数据分析支持。

7.家庭成员提醒

特殊人群可能存在自理能力差、患病较为严重需照顾等问题，因此远程医疗与日常保健预防系统的特殊人群健康监护功能可以将患者与家庭成员进行绑定，通过短信、邮件等多种方式对患者的家庭成员进行各类提醒。例如，提供患者复诊相关信息、定期随访检查提醒以及季节性注意事项等智能化贴心服务，使得照顾特殊人群的人也可以依托智能化平台，给予患者悉心的照料。

三、云计算与物联网在智慧社区中的融合应用

（一）智慧社区的概念

智慧社区是通过综合运用现代科学技术，整合区域人、地、物、情、事、组织和房屋等信息，统筹公共管理、公共服务和商业服务等资源，以智慧社区综合信息服务平台为支撑，依托适度领先的基础设施建设，提升社区治理和小区管理现代化，促进公共服务和便民利民服务智能化的一种社区管理和服务的创新模式，也是实现新型城镇化发展目标和社区服务体系建设目标的重要举措之一。

（二）智慧社区的发展

智慧社区的建设仍然处于初级阶段，尚存在一些困难和问题。例如，社区基础设施建设水平参差不齐，缺乏社区综合服务平台，应用尚未形成规模；社区治理职能亟待完善，公共服务项目少且使用不便；小区房屋和物业管理服务层次低，社区自治能力尚未充分发挥；便民利民领域应用未能广泛推广；缺乏统筹规

划，体制机制不顺畅，相关人才队伍欠缺，可持续的建设运营模式尚未形成。作为智慧城市建设的核心组成部分，智慧社区建设具有见效快、惠民利民的特征，智慧社区还能增强社区居民对智慧城市建设的感知度和社会认同度，为智慧城市建设的普及和宣传增光添彩。

因此，积极推进智慧社区建设，有利于提高基础设施的集约化和智能化水平，实现绿色生态社区建设；有利于促进和扩大政务信息共享范围，降低行政管理成本，增强行政运行效能，推动基层政府向服务型政府转型，促进社区治理体系的现代化；有利于减轻社区组织的工作负担，改善社区组织的工作条件，优化社区自治环境，提升社区服务和管理能力；有利于保障基本公共服务均等化，改进基本公共服务的提供方式，并能拓展社区服务内容和领域，为建立多元化、多层次的社区服务体系打下良好基础。

在新时期、新形势下，居民对便捷、高效、智能的社区服务需求与日俱增，倒逼政府优化行政管理服务模式，引导建立健康、有序的社区商业服务体系。随着信息技术的高速发展，国内智慧社区建设相关的技术基础较为扎实，面向移动网络、物联网、智能建筑、智能家居、居家养老等诸多领域的应用产品及模式已基本成熟。此外，广州市、深圳市、常州市等经济发达地区已率先开展了智慧社区建设，在社区治理、便民服务等领域取得了显著的成效。因此，在我国大规模开展智慧社区建设势在必行。

（三）智慧社区的总体框架

智慧社区总体框架以政策标准和制度安全两大保障体系为支撑，以设施层、网络层、感知层等基础设施为基础，在城市公共信息平台和公共基础数据库的支撑下，架构智慧社区综合信息服务平台，并在此基础上构建面向社区居委会、业主委员会、物业公司、居民市场服务企业的智慧应用体系，包括社区治理、小区管理、公共服务、便民服务及主题社区等多个领域的应用。

1.基础设施

基础设施包括设施层、网络层和感知层三部分。设施层是智慧社区管理服务的载体和依托，覆盖社区、建筑和家庭三个层面，包括以社区服务中心、社区服务站、医疗卫生设施、文化体育设施和市政公用设施为主的综合服务设施，以及以“四节一环保”“水、电、气、热智能化监管”为特征的智能绿色建筑，以智能家居、智能家电为主的智能家庭；网络层是一体化融合的网络基础设施，支撑智慧社区的高效运行，包括宽带网络、无线网络、广播电视网和物联网等智能网络，通过统一接入社区内各种智能枢纽和节点，实现网络无处不在、智慧运行的目标；感知层是通过信息采集识别、无线定位系统、RFID、条码识别等各类传感设备，对社区中的人、车、物、道路、地下管网、环境、资源、能源供给和消耗、地理信息、民生服务信息、企业信息等要素进行智能感知和自动获取，实现社区的自动感知、快捷组网、智能化处理。

2.支撑平台

智慧社区综合信息服务平台架构在城市公共信息平台和公共基础数据库上，由市级或区级统一建设，包括政务服务、公共服务和商业服务三大板块。通过数据规范和接口服务，接入政府相关部门业务数据和商业服务数据，支撑各类智慧应用服务，与上级平台实现数据共享。

3.智慧应用

智慧应用体系架构在智慧社区综合信息服务平台之上，涵盖了以对象管理与专门人群服务、政务服务、治安管控为主的社区治理与公共服务，以房屋管理和物业管理为主的小区管理，以生活服务和金融服务为主的便民服务，以及主题社区五大领域，涉及社区管理、运行、服务三个层面。各类应用遵循智慧社区综合信息服务平台建设规范的标准，通过数据交换和整合，统一由平台向居民、企业等提供服务，并对各种活动做出闭环响应。

4.用户对象

智慧社区的用户和服务对象主要包括社区居委会、业主委员会、物业公司、居民、市场服务企业以及相关社会组织等。

5.保障体系

智慧社区的网络、基础设施、支撑平台和各类应用系统的建设与运行维护，需符合已有的标准规范，如相关的技术标准、数据标准、接口标准、平台标准、管理标准等。智慧社区的政策和标准体系，要符合国家、行业以及各地城市发展的总体要求。

（四）智慧社区综合信息服务平台

智慧社区综合信息服务平台是智慧社区的支撑平台，是以城市公共信息平台和公共基础数据库为基础，利用数据交换与共享系统，以社区居民需求为导向，推动政府及社会资源整合的集成平台。该平台可为社区治理和服务项目提供标准化的接口，并集社区政务公共服务、商业及生活资讯等多平台于一体。结合社区实际工作的特点与模式，智慧社区综合信息服务平台被定位为一个轻量级、服务功能模块化的平台。

政务服务模块：各行政机关及社会公共机构可将自身业务系统的受理环节设在社区服务窗口，由社区面向居民负责事务的受理和收件，具体的行政审批和许可的决定仍由原机关做出，社区负责该决定的告知，从而实现在不打破原有管理体制的前提下，切实为群众办理各类事项提供方便。在此基础上，通过公共信息平台和基础数据库中业务以及数据的重组与整合，为居民提供更多、更便捷的服务。

公共服务模块：平台整合各业务部门以及社会公共机构的服务窗口。随着政府职能下沉和服务进程加快，社区在公共服务中的地位将会逐步显现。

商业服务模块：社会资源服务与居民生活息息相关，借助智慧社区的开放平台，通过建立信用和淘汰机制，为居民提供便民利民服务，也为商家提供各类基础数据与服务。

平台采用“政府主导、社区主体、市场运作”的运营模式，将政府牵头的社区服务信息化系统建设逐步转变为一个由多元主体共同投资、建设和运营的“大信息服务平台”。投资主体由政府独家转变为政府、企业、专业投资机构共同参与，或是社会投资、政府购买服务的方式；建设运营主体由以街道、业务主管部门为主转变为政府、商户等共同建设；服务主体由原来的政府主导扩展为以社区、商户和居民为主。

（五）智慧社区基础数据

基础数据是智慧社区的核心内容之一。智慧社区作为智慧城市的子集，需要充分共享和利用智慧城市的数据资源和平台，建立与社区相关的数据交换接口规范和标准，对不同应用子系统的数据采用集中、分类、一体化等策略，进行合理有效的整合，保障支撑层内各不同应用之间的互联。智慧社区基础数据包括人口、地理、部件、消息、事项和建筑六大类。

1.人口数据库

以城市人口数据库为基础，结合各业务领域内人口数据库的相关要求，统一规范标准，统一数据格式，通过集中导入、清洗及过滤，形成统一的综合人口数据库，实现人口信息在各个职能部门之间的实时高效共享。优化社区分散采集和更新维护，应用网格化管理思路强化数据动态管理，与市级人口数据库及各条线数据库保持定期同步并及时更新。人口基础数据是社区经济社会发展中各部门应用系统的重要基础，对劳动就业、税收征管、个人信用、社会保障、人口普查、计划生育、打击犯罪等系统的建设具有重要意义。人口基础数据库的数据来自公安、劳动保障、民政、建设、卫生、教育等相关部门。

2.地理数据库

以市级地理信息平台数据为基础，借助第三方商务地图数据支持，整合全市自然资源与空间基础地理信息及关联的各类经济社会信息，建立多源、多尺度且更新及时的空间共享数据库，构建科学、规范的空间信息共享与服务的技术体系，有效提升信息资源共享能力。同时，根据内外网不同的安全要求，优化基础数据采集和维护，并根据各应用系统的不同要求，由不同主体分层负责地理数据的采集和维护。

3.部件数据库

部件数据库包括社区内各类公用设施的地理数据和属性数据。按照相关行业标准，部件分为公用设施类、道路交通类、市容环境类、园林绿化类、房屋土地类、其他设施类等。公用设施类主要包括水、电、气、热等各种公用设施；道路交通类主要包括停车设施、交通标志设施等；市容环境类主要包括公共厕所、垃圾箱、广告牌匾等；园林绿化类主要包括古树名木、绿地、雕塑、街头座椅等；房屋土地类主要包括宣传栏、人防工事、地下室等。

4.消息数据库

消息数据库包括各系统平台发布的各类规范资讯和动态信息。对各系统平台消息类数据进行整合，实现消息数据格式标准化和分类标签化，并优化消息生成、共享和查询机制，根据不同权限实现内外网分层管理，同时规范数据呈现、动态智能排序。

5.事项数据库

事项数据库包括各系统平台在运行中形成的审批、服务、咨询、投诉和任务等事项处理数据，并实现与市行政权力事项数据库的同步与对接，支持对规范事项流程和权限进行定制、对非规范事项流程灵活设置、优化事项分类、自动匹配查询等应用功能。

6.建筑数据库

建筑数据库是社区内建筑物属性信息、空间信息、业务数据和服务数据的集合，是智慧社区的重要支撑数据，是社区网格化管理和服务的定位基础。建筑物基础数据是指描述建筑物基本自然属性的数据，包括建筑名称、门牌地址、平面位置、建造年代、建筑状态、使用年限、主要用途、结构类型、建筑层数、建筑高度、总建筑面积等信息。建筑物扩展数据是对建筑物基础数据的扩展，主要指描述建筑物本身物理实体的几何位置、空间关系等信息，包括二维图形数据和三维模型数据等。建筑物业务数据是指建筑物管理和应用云计算与物联网信息融合。

社区相关部门在日常业务管理及应用中产生的核心的专业数据，主要包括规划、建设、交易、抵押、租赁、物业、公安、消防、民政、社会保障等。

结束语

在现代社会中，计算机网络与通信技术为推动社会生产力的提升做出了突出贡献。同时，基于相关技术的通信网络环境，为人们的信息沟通交流、信息资源共享带来了极大的便利。无论是工业生产、市场管理、生产出行，还是国防安全等方面，都需要重视计算机网络与通信技术的深入研究。只有这样,才能进一步促进社会经济的进一步发展，为人们创建便捷、丰富和幸福的生活环境。

参考文献

[1]张少军，谭志.计算机网络与通信技术[M].2版.北京：清华大学出版社，2017.

[2]夏杰.计算机网络技术与实践[M].武汉：中国地质大学出版社，2017.

[3]吴阳波，廖发孝.计算机网络原理与应用[M].北京：北京理工大学出版社，2017.

[4]张宝富，张曙光，田华.现代通信技术与网络应用[M].西安：西安电子科技大学出版社，2017.

[5]张黎烁.计算机网络及其通信新技术探究[M].成都：四川大学出版社，2018.

[6]施建强.计算机网络技术[M].长春：吉林大学出版社，2018.

[7]杨艺，晏力.计算机网络及光纤通信实验教程[M].北京：中国铁道出版社，2018.

[8]孙佩娟，谭呈祥.计算机网络与移动计算技术[M].成都：电子科技大学出版社，2018.

[9]张灵峻，韦运玲，李鑫.计算机网络与通信技术研究[M].长春：吉林科学技术出版社，2019.

[10]于彦峰.计算机网络与通信[M].成都：西南交通大学出版社，2019.

[11]卢迈.新型智慧城市政策、理论与实践[M].北京：中国发展出版社，2019.

[12]吴小钧.计算机网络应用基础[M].西安：西安电子科技大学出版社，2020.

[13]罗学刚，蔡炯.数据通信与网络技术[M].哈尔滨：哈尔滨工程大学出版社，2020.

[14]张剑飞.计算机网络教程[M].北京：机械工业出版社，2020.

[15]冀勇钢，李开丽，朱凤文.数据通信：路由交换技术[M].成都：西南交通

大学出版社，2020.

[16]马志强.计算机网络技术与应用[M].长春：吉林出版集团，2020.

[17]袁竞峰.智慧城市建设与发展研究[M].北京：机械工业出版社，2020.

[18]李林编.智慧城市大数据与人工智能[M].南京：东南大学出版社，2020.

[19]赵华森，陈燕.智慧城市中的公共艺术设计[M].杭州：中国美术学院出版社，2020.

[20]杨梅，赵丽君.数据驱动下智慧城市建设研究[M].北京：九州出版社，2020.

[21]张雷，刘彪，张春霞.新型智慧城市运营与治理[M].北京：中国城市出版社，2020.

[22]徐小飞.我国智慧城市建设存在的问题与发展对策研究[M].长春：吉林大学出版社，2020.

[23]曾凡太，刘美丽，陶翠霞.物联网之智·智能硬件开发与智慧城市建设[M].北京：机械工业出版社，2020.

[24]薛光辉，鲍海燕，张虹.计算机网络技术与安全研究[M].长春：吉林科学技术出版社，2021.

[25]穆德恒.计算机网络基础[M].北京：北京理工大学出版社，2021.

[26]李文娟，刘金亭，胡珺珺.通信与物联网专业概论[M].西安：西安电子科学技术大学出版社，2021.

[27]贺杰，何茂辉.普通高等教育十四五计算机系列应用型规划教材·计算机网络[M].武汉：华中师范大学出版社，2021.

[28]张涛，戴文涛，丁宁.智慧城市综合管廊技术理论与应用[M].北京：机械工业出版社，2021.

[29]席广亮.大数据与智慧城市研究丛书·城市流动性与智慧城市空间组织[M].北京：商务印书馆，2021.

[30]魏真，张伟，聂静欢.人工智能视角下的智慧城市设计与实践[M].上海：上海科学技术出版社，2021.

[31]杨娟丽.新型城镇化进程中民族地区智慧城市研究[M].北京：中国经济出版社，2021.

[32]孙芊芊，昝廷全.智慧城市系统设计中的信息资源整合研究[M].北京：中国传媒大学出版社，2021.